はじめに

　私たちが生きている、このすばらしい惑星「地球」は広大な宇宙の中で非常に特別な存在です。この地球がどんな構造になっているのか、人類はそれを知るために「地質学」（geology）を発展させてきました。この地質学が飛躍的に発展を遂げたのは19世紀以降のことです。地層の解明が進み、氷河時代が発見され、気候変動の原因論に対する関心の高まりとともに、自然科学の中でも独自の分野として確立されてきたのです。

　地質学は非常に広い分野を含んだ学問分野です。たとえば、地層の形成過程を研究する「堆積学」、地層の重なりから地球の歴史を読み解く「地史学」、岩石や鉱物そのものを研究する「岩石学」や「鉱物学」、化石をもとに生物進化に光を当てる「古生物学」、また地震や火山を研究する「地震学」や「火山学」などの分野もあります。さらに20世紀になると物理学とも結びつき、「古地磁気学」が誕生しましたし、ダイナミックな地球の営みを説明する新しい地球観として「プレートテクトニクス理論」や「プルームテクトニクス理論」も語られるようになりました。

　また近年では宇宙からの観測が進み、新たな知見も加わって、地球を「磁気圏」「大気圏」「生物圏」「水圏」「固体地球」というように、より広い視野で地球をシステムとしてとらえようとする研究も盛んに行われるようになっています。

　私は、この地球という惑星の全体像を理解するには、それらの断片をひとつずつ拾い集めて解読していくという旧来からの地質学的な方法に加え、宇宙から地球全体を眺めるという視点も重要だと考えています。そうすることで、断片的な情報が組織化されて地球に対する見方、すなわち地球観もより深化したものに変わっていくからです。

　広大な宇宙にはきっと宇宙人がいるはずです。宇宙の彼方から太陽系にやってくる宇宙人がいたとしたら、青々とした地球と、そこに生きる多様性に富んだ生物群を見て、いったい何を思うのでしょうか？　私たちがほんとうの意味で"地球人"となるのは、そんな宇宙人の視点で、最先端の地球科学の知識をもとに、私たちの故郷ともいえる地球の奇跡ともいえる特異性に気づいたときではないでしょうか。

2023年5月

川上紳一
岐阜聖徳学園大学教育学部教授

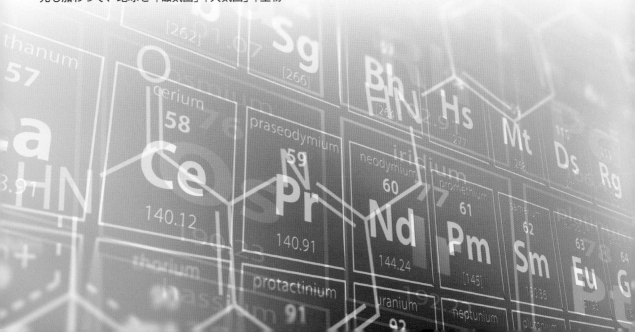

INDEX

Chapter 5　プレートテクトニクスとプルームテクトニクス───81

Chapter 8　進化する観測技術と最新測地系の構築 ————————157

▲月から見た地球の姿　©NASA

Chapter 1

宇宙から見た
地球の形と大きさ

1968年12月21日にアメリカのケネディ宇宙センターから打ち上げられた
アポロ8号は、12月24日に月を周回する軌道に入った。
そして月周回軌道4周目に入ったときに撮影されたのが、
月の裏側から地球が出てくる「地球の出」をとらえたこの写真である。
宇宙に浮かぶ美しい地球の姿は世界中に配信されて多くの人々に
大きな感動を与えると同時に地球をより詳しく知るきっかけとなった。
Chapter1では、まず宇宙から見た地球の姿に迫っていくことにしよう。

地球の大きさは太陽系の中で5番目だ

太陽と地球の大きさを赤道半径で比較すると、太陽は地球の109倍もある。

また、8つある太陽系の惑星の大きさを比較すると、①木星、②土星、③天王星、④海王星、⑤地球、⑥金星、⑦火星、⑧水星の順となり、地球は5番目の大きさにすぎない。

太陽　水星　金星　地球　火星　木星

▲赤道半径で比較した太陽系惑星の大きさ

■地球は宇宙の中では小型の惑星だ

太陽系惑星の中で最も大きな木星の赤道半径は7万1492kmで太陽の赤道半径の69万6000kmのおよそ10分の1だが、半径6378.1kmの地球と比べると、およそ11倍も大きい。

その太陽にしても、恒星の中では小さい部類に分類されている。こうしたことから、地球は宇宙に存在している天体としては、極めて小さな部類

に入っているのではないかと考えられている。

次に次ページの「太陽と惑星の質量」の表を見てみよう。体積で見ると、太陽は1.412×10^{18}km（地球の130万4000倍）だし、惑星の中では木星が1.43128×10^{15}km（地球の1321倍）と群を抜いて大きい。

ただし、大きい分だけ重いとは限らない。たとえば、太陽の質量は地球の33万2946倍にすぎない。これは、太陽の組成が主にガス状の水素とヘリウムから成り立っているからである。

質量▶物体を構成する原子や分子の種類や数によって決まっている物質の量であり、物体がどんな環境にあっても変化しない（たとえば、重力が変わっても質量は変わらない）。単位にはgやkgが使われる。

太陽系の惑星の特徴は、大きさと密度によって知ることができる。密度とは、質量を体積で割ったもので、物質の種類によって違った値を持つ。天体内部の性質は、大きさと密度から探ることができる。

多くの天体を観測した結果、密度が1程度のものはガス天体か氷天体、2ぐらいの天体は岩石と氷の混合物、3程度のものは岩石質の天体、4以上の天体は鉄と岩石の混合物、あるいはそれらの

■ 太陽と惑星の赤道半径

順位	天体名	赤道半径（km）	地球との比較（倍）
	太陽	696,000	109
1	木星	71,492	11.2
2	土星	60,268	9.45
3	天王星	25,559	4
4	海王星	24,764	3.88
5	地球	6,378.1	1
6	金星	6,051.8	0.95
7	火星	3,396.2	0.53
8	水星	2,439.7	0.38

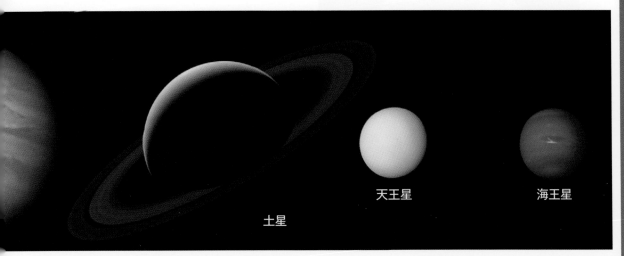

天王星

海王星

土星

©NASA/Ames Research Center/Wendy Stenzel

■ 太陽と惑星の質量

順位	天体名	質量(kg)	地球との比較(倍)
	太陽	1.9884×10^{30}	332,946
1	木星	1.8986×10^{27}	317.83
2	土星	5.688×10^{26}	95.16
3	天王星	1.02413×10^{26}	17.15
4	海王星	8.686×10^{25}	14.54
5	地球	$5,972 \times 10^{24}$	1
6	金星	4.869×10^{24}	0.8150
7	火星	6.4171×10^{23}	0.1074
8	水星	3.301×10^{23}	0.05527

層構造であると考えられている。次ページの「太陽と惑星の密度」の表を見てみよう。

　木星、土星もほとんどが水素とヘリウムを主成分としたガス惑星（木星型惑星）であり、これらも大きさの割には軽い天体となっている。

　それに対して、地球・水星・金星・火星の４つの惑星（地球型惑星）は体積の割には密度の大きな天体となっている。

　これは、地球型惑星が主として岩石や金属などの固体（難揮発性物質）から構成されているためである。

　また、海王星、天王星は基本的にガス惑星とされている。しかし木星や土星とは異なり、内部は重い元素に富み、岩石と氷からなる核を、水やメタン、アンモニアなどでできた氷が覆っていると考えられている。

■ 太陽と惑星の密度

順位	天体名	半径(km)	密度(g·cm⁻³)
1	地球	5.51	1
2	水星	5.43	0.99
3	金星	5.24	0.95
4	火星	3.93	0.71
5	海王星	1.64	0.30
	太陽	1.41	0.26
6	木星	1.33	0.24
7	天王星	1.27	0.23
8	土星	0.69	0.13

惑星は完全な球体ではない

▲宇宙から見た地球の姿
出典：https://epic.gsfc.nasa.gov/enhanced
アメリカ海洋大気庁（NOAA※）が運用している深淵宇宙気候観測衛星DSCOVR※に搭載された地球多色画像カメラによる地球の画像。真ん丸に見えるが実は完全な球体ではない。

■地球の扁平率

　人工衛星の軌道の解析から、地球の赤道半径が6378.137kmなのに対して、極半径は6356.752kmと赤道半径のほうが約21km長いことがわかっている。つまり、ごくわずかだが南北方向に押しつぶされており、その扁平率は1／298.257222101≒0.0033528である。

　地球が楕円体となっているのは、地球が弾性体の性質を持っているためである。

　弾性を有する球体が一定の軸を中心に回転すると、球体の表面には球体の中心から外側に向かって慣性力がはたらいて外側に引っ張る力として遠心力が生じる。

　極軸を中心に自転している地球の場合、遠心力が最も大きくなるのが赤道だ。そのため、地球は、赤道付近が膨れ、極半径より赤道半径が長くなり、赤道付近が少し膨らんだ楕円体となっているのだ。

※NOAA：National Oceanic and Atmospheric Administration
※DSCOVR：Deep Space Climate Observatory

扁平率▶楕円もしくは回転楕円体が、円もしくは球に比べてどれくらいつぶれているかを表す値。完全な円では、その値は0となる。天体における扁平率の計算式は、扁平率＝（赤道半径－極半径）／赤道半径）。
弾性体▶力を加えていると変形するが，力を除くともとに戻る物体。たとえばバネ、ゴムなどが典型だ。

■太陽系惑星の扁平率

　扁平なのは地球ばかりではない。太陽系の8つの惑星は下の表に示すように、すべて扁平だ。こうした惑星の扁平率の違いは、主として惑星を構成している物質の違いや自転スピードの違いによって生じる。

　密度の大きい岩石質の固体で構成されている地球型惑星（水星・金星・地球・火星）は扁平率が比較的小さい。特に金星の扁平率は、0.0002未満と極めて低くなっている。これは自転の周期が243日ととても長く、それだけ地表ではたらく遠心力が小さいためである。それに対し、木星型惑星（木星・土星）の扁平率が大きいのは、密度が極めて小さい気体で構成されていることに加え、土星が9.8時間、木星が10.2時間と自転の周期が短いからである。強い遠心力がはたらき、扁平の度合いも大きくなっているのだ。

■ 太陽と惑星の扁平率

惑星名	扁平率
水星	0.0006未満
金星	0.0002未満
地球	0.00335
火星	0.00589
木星	0.06487
土星	0.09796
天王星	0.02293
海王星	0.01708

◀太陽系惑星で最も扁平率の大きい土星
土星探査機カッシーニが、土星から約110万km
の距離から撮影した土星の姿。
©NASA/JPL/Space Science Institute

COLUMN　**なぜ太陽の扁平率は小さいのか？**

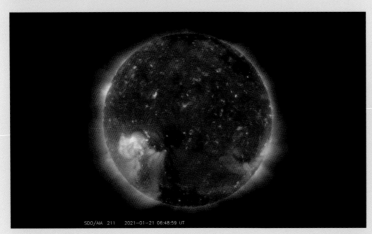

SDO/AIA 211　2021-01-21 06:48:59 UT

◀太陽観測衛星ソーラー・ダイナ
ミクス・オブザーバトリーから
送られてきた太陽の姿
太陽から放出されている約166
万6649℃（華氏約300万度）の
極紫外線をとらえている。
出典：The Sun Seen by NASA's
Solar Dynamics Observatory
©NASA/SDO

　太陽系の中心にある太陽も自転しており、扁平な形になっている。ただし、扁平率はごくわずかで、9×10^{-6}とほぼゼロに近い。この値は、かつては理論的に求められたものにすぎなかった。太陽の表面は非常に高温なガス状で観測が極めて困難だったからだ。

　この扁平率が実証されたのは、2010年2月にアメリカ航空宇宙局（NASA※）によって打ち上げられた太陽観測衛星ソーラー・ダイナミクス・オブザーバトリーによって、正確な観測ができるようになってからのことである。

　そもそも太陽内部の物質は極端な高温のためにすべてプラズマの状態にあるとされており、観測の結果、赤道付近のほうが高緯度の領域よりも速く自転していることがわかっている。しかし、その周期は赤道部分で約25日、極近くでは約35日とかなりゆっくりだ。そのため、自転によって生じる遠心力はごくわずかなものにすぎない。それが、太陽の扁平率が極めて小さくなっている最大の理由だ。

　また、太陽の表面重力は地球の27倍ほどもある。それだけ周囲の物質を重心に向かって均等に引きつける力が強力だということだ。それも太陽をほぼ真球の形状にする力となっていると考えられている。

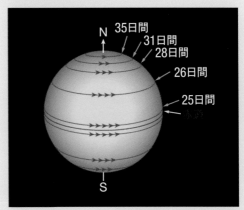

N
35日間
31日間
28日間
26日間
25日間
S

▲太陽の自転
太陽はプラズマ状の球体であるため、赤道域は、
極域よりも速く回転している。
©NASA

※NASA：National Aeronautics and Space Administration

■宇宙にはいびつな天体があふれている

太陽系の惑星がほぼ球形なのに対して、惑星サイズまで成長しきれなかった小さな天体は重力によって形が丸くなることなく、もともとの形を保ち続け、太陽系が形成された頃の姿を保っている。

たとえば、イトカワやリュウグウなどの小惑星、あるいは火星の衛星フォボスとデイモスなどの存在がそれを証明している。

日本の小惑星探査機はやぶさ1が探査したイトカワは、細長いジャガイモのような形をしている。また、はやぶさ2が探査したリュウグウは、角ばった形をしているし、はやぶさ2が持ち帰ったサンプルを分析したところ、地球上で見つかったどの隕石よりも密度が低く、スカスカであることも判明している。JAXA※（宇宙航空研究開発機構）のプロジェクトチームによる初期分析によると、サンプルの密度は1cm³当たりわずか1.282g程度で、

隙間の量を表す空隙率は46%にもなるとされている。

いっぽう、火星の衛星であるフォボスやデイモスなどはイトカワやリュウグウよりは球形に近いが、ある程度までは成長したものの、十分な重力を得ることはできなかった。そのため、きれいな球形にはなりきらず、いびつな形をしている。

▲はやぶさ2がリュウグウから持ち帰ったサンプル
©JAXA

POINT	天体が丸くなるラインは半径およそ150km

では、どのくらいの大きさの天体が、丸くなるかならないかの境界なのか？

これは、内部を構成している物質によっても変わるが、氷でできた小天体では、半径およそ150kmがひとつの分岐点ではないかと考えられている。

その根拠として、木星の衛星アマルテアと土星の衛星ミマスの例があげられる。

アマルテアは三軸径が250×146×128kmといびつな形をしているのに対して、ミマス

は三軸径415.6×393.4×381.2kmで、半径は198.2 ± 0.4kmとほぼ球形をしている。こうしたことから、氷でできた天体半径がおよそ150kmが、丸くなるかならないかの分岐点になっているのではないかというわけだ。

いずれにせよ、天体はかなり条件が整わなければ、きれいな球形になることができないということである。そのため、宇宙においてはいびつな形の天体のほうが圧倒的に多く、きれいな球形をした天体は極めて少数派だと考えられている。

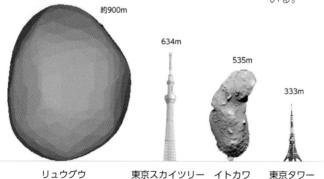

約900m
634m
535m
333m

リュウグウ　東京スカイツリー　イトカワ　東京タワー

◀リュウグウとイトカワの形と大きさ
左から　リュウグウ
東京スカイツリー　イトカワ
東京タワー
出典：JAXAはやぶさ2プロジェクト
ホームページ

■太陽系で見られる様々な天体の形

小惑星イトカワ
©JAXA

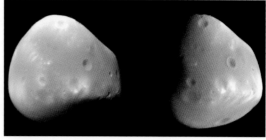

火星の衛星デイモス
©NASA/JPL-caltech/University of Arizona

小惑星リュウグウ
©JAXA，東京大，高知大，立教大，名古屋大，千葉工大，明治大，
　会津大，産総研

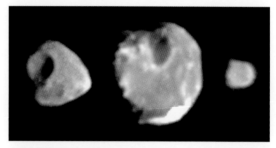

木星の衛星アマルテア
©NASA/JPL/Cornell University

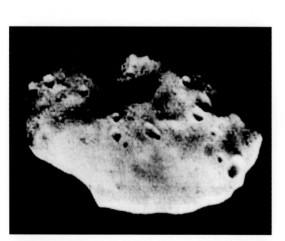

火星の衛星フォボス
©NASA

土星の衛星ミマス
©NASA/JPL-Caltech/Space Science Institute

太陽系の形成

およそ46億年前、天の川銀河の一角にあった巨大な分子雲（星間ガス）の中でも密度が高い部分が収縮・回転を始め、円盤型の原始太陽系星雲を形成。この原始太陽系星雲がさらに収縮が進むにつれ、その中に原始太陽が誕生した。また、その周囲では残った星間物質（宇宙に漂っていた小さな物質）によって微惑星が形成され、さらに微惑星の集積によって惑星が形づくられた。大きな惑星は微惑星をたくさん集めて成長したため、重力が大きくなり、丸くなった。いっぽう成長できなかった小惑星や彗星のような小天体は、小惑星帯や、エッジワース・カイパーベルトなどを形成している。

こうした太陽系形成論は、現在の太陽系の姿を説明するためにつくられた理論に基礎を置き、新たな観測事実を説明できるように、改良が加えられている。

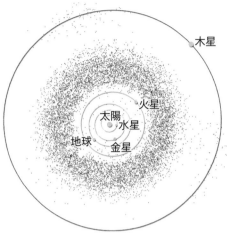

▲ 小惑星帯　©NASA/McREL
火星の公転軌道と木星の公転軌道との間を中心に多くの小惑星が存在している。その総数は数百万個を数えるだろうと推定されている。

■太陽系形成標準モデル

太陽系を構成する惑星は、太陽を中心として、水星、金星、地球、火星、木星、土星、天王星、海王星の順に並んでいるが、いずれもその形はほぼ完全な球形に近い。これは、それぞれの星が有する重力（天体が物質をその中心に引きつける力）の影響だ。

そもそも惑星をはじめとする天体は、岩石や氷、気体などからできているが、それらはもともと星間物質が万有引力によって、引きつけ合い、長い年月をかけて徐々に集まり、成長することによってできたものである。

私たちの太陽系は、約46億年以上前に形成され

たと考えられているが、まず宇宙を漂っていた星間物質が万有引力で引きつけ合って星間雲を形成、その後、星間雲の中で密度が大きい部分が収縮し、回転を始めて原始太陽系星雲となっていった。

この原始太陽系星雲のほとんどの物質は中心に集まり、中心部は高温・高圧の状態になって星雲の中心で輝きを放つ原始太陽となった。だが周囲にはまだ、残っていた物質があった。それらが遠心力により原始太陽の周囲にガス雲を形成、やがてガス雲の中の固体微粒子はガス雲の赤道面に集中していき、固体層をつくった。

その中で大量に生まれたのが直径約10km、質量

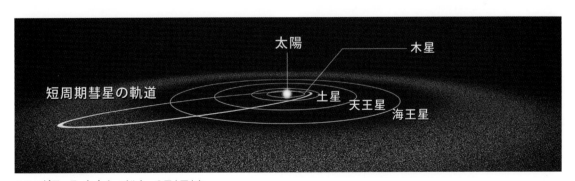

▲ エッジワース・カイパーベルト　©国立天文台
海王星軌道の外側に、円盤状に広がっている小天体郡。
その規模は小惑星帯よりはるかに大きく、範囲は20倍、質量は20～200倍とされる。

約10^{15}kgの微惑星群である。大量に誕生した微惑星は最初のうちは密度も低く、ふかふかした存在だった。だが成長するにしたがって密度を増し、質量が大きくなると同時に衝突・合体を繰り返して、さらに成長していった。原始惑星の誕生だ。

こうして星間物質が微惑星、原始惑星へと成長していく中で重力がはたらくようになり、それが大きくなると同時に天体の中心に向けて均等にはたらくようになった。

そして天体がある程度大きくなると、重力が物質の強度を上回るようになり、天体は徐々に中心から等しい距離の形（球形）になった。これが、太陽系の８つの惑星が球体となっていった理由だと考えられている。

▼太陽系形成標準モデルのイメージ　原始太陽系円盤を横から見た場合の片側だけを描いている

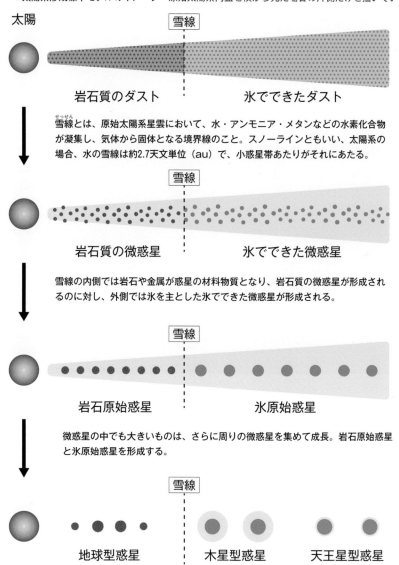

太陽

雪線

岩石質のダスト　　氷でできたダスト

雪線とは、原始太陽系星雲において、水・アンモニア・メタンなどの水素化合物が凝集し、気体から固体となる境界線のこと。スノーラインともいい、太陽系の場合、水の雪線は約2.7天文単位（au）で、小惑星帯あたりがそれにあたる。

雪線

岩石質の微惑星　　氷でできた微惑星

雪線の内側では岩石や金属が惑星の材料物質となり、岩石質の微惑星が形成されるのに対し、外側では氷を主とした氷でできた微惑星が形成される。

雪線

岩石原始惑星　　氷原始惑星

微惑星の中でも大きいものは、さらに周りの微惑星を集めて成長。岩石原始惑星と氷原始惑星を形成する。

雪線

地球型惑星　　木星型惑星　　天王星型惑星

原始惑星のサイズが大きくなるに従い、原始惑星系円盤内のガスを自分の重力で捕獲し始める。そのとき、原始惑星の重さが地球程度の場合、捕獲したガスは大気圧によって支えられ、安定した大気を持つ。いっぽう、原始惑星の重さが地球の10倍程度になると、重力が強すぎるために捕獲したガスを大気圧で支えることができなくなり、原始惑星系円盤内のガスが原始惑星に暴走的に流れ込み始める。その過程は周囲のガスがすべて無くなるまで続き、結果的に木星型と呼ばれる巨大ガス惑星が形成される。さらに遠いところでは地球の10倍程度の原始惑星ができた段階で、原始惑星系円盤内のガスが少なくなっているため、ガスをまとっていない天王星型と呼ばれる惑星が形成される。

参考資料：「理科年表オフィシャルサイト」自然科学研究機構　国立天文台編

COLUMN ドライだった原始地球がやがてドロドロに溶けていった

▲星をとりまく原始太陽系の想像図
出典：すばる望遠鏡ホームページ 2013年2月8日 研究成果：太陽系外惑星が作る「腕」の検出に成功　©総合研究大学院大学、国立天文台

　上の図は、総合研究大学院大学の研究者を中心とする研究チームが、さそり座 J1604 星と呼ばれる若い星の周囲にある原始惑星系円盤をすばる望遠鏡で撮影することに成功し、その結果をもとにして描いた原始太陽系の想像図である。

　私たちが住む太陽系もこのような姿をしていたと考えられる。その中で地球も誕生したのだ。

　原始地球が誕生したのは約45億6000万年前のことだったが、誕生直後の地球は、鉄とニッケルを主成分とする金属と、マグネシウムとケイ素を主成分とするケイ酸塩鉱物でできたドライな天体だったと考えられている。

　しかし、その表面に微惑星が降り注いだ。そし

て半径が今の地球の半分ほどになった頃には、その表面は微惑星との衝突による熱でドロドロに溶けた状態となった。

　また、水素とヘリウムを主成分とした大気も存在するようになっていたが、それが太陽風によって吹き飛ばされた後、二酸化炭素（約96％）と水蒸気からなる大気に置き換わっていった。

　その大気は地球にぶつかってきた微惑星によってもたらされたものだったが、大気圧は300気圧以上まで上昇した。そして、原始地球の表面は高密度・高温度の大気の温室効果でドロドロに溶けた灼熱のマグマで覆われた。マグマオーシャン（マグマの海）の時代である。

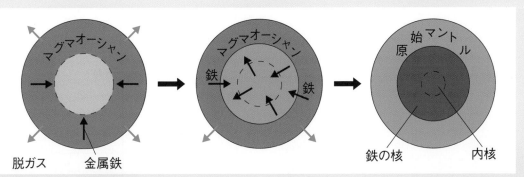

脱ガス　　金属鉄　　　　　　　　　　　　　　　　　　　　　鉄の核　　　　内核

▲原始地球における内部構造の変化
出典:『ひとりで学べる地学』清水書院

▲マグマオーシャンのイメージ
　溶岩流の写真。マグマオーシャン時代は地球の
　全地表が、　このような光景だった。
　iStock ©mansum008

　この時代の地球は、中心部を除いて、上のイメ
ージのようにドロドロに溶けていたと考えられて
いる。いっぽう、この時代には、鉄やニッケルなど
の重い物質はマグマオーシャンの底へと沈み込み、
軽い物質が地殻を形成していった。
　それまで均一だった地球に層構造が形成され始
めたのだ。
　さらに、地球の進化は続いた。地球の中心にあ
った固体状態の鉄とケイ酸塩の混合物の密度に比
べて、マグマオーシャンの底にたまった金属鉄の
密度のほうが高くなった。そのため、入れ替わり
が起き、地球の中心に鉄の核が形成された。
　またそれと同時に、沈み込んでいく鉄の重力エ
ネルギーが熱へと転換され、それまで温度が低か

った地球内部の温度が高温へとなっていった。
　こうした過程を経る中で、地球の重力は増大、
その影響を受けて、ますます真球体に近づいてい
った。そしてその後、地球の表面温度が下がるに
つれて、地球の姿は徐々に今の姿へと近づいてい
ったのである。

▲地殻が形成され始めた頃の地球の想像図
　©NASA

回転楕円体と呼ばれる地球の形

よく「地球は丸い」と表現される。しかし、実は地球は完全な球ではない。

前述したように、上から押しつぶされたような扁平した形になっている。このような立体形状をした物体は回転楕円体と呼ばれている。

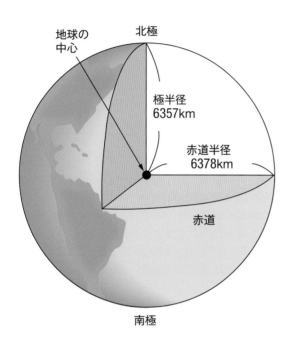

▲地球の極半径と赤道半径
出典:『ひとりで学べる地学』清水書院

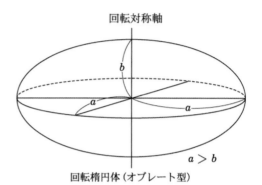

回転楕円体（オブレート型）

■地球はオブレート型の回転楕円体

地球が回転楕円体となっているのは、自転により生じる遠心力によって、赤道付近がやや膨らんでいるためである。

回転楕円体には、楕円をその長軸周りに回転してできる縦に伸びた楕円体（プロレート型＝扁長楕円体）や短軸周りに回転してできる横に伸びた楕円体（オブレート型＝扁平楕円体）、あるいは３つの軸がばらばらな三軸不等楕円体（湯たんぽ型）などがある。

地球はそのうち、楕円をその短軸周りに回転してできる横に伸びた楕円体である「オブレート型」に該当する。

よくプロレート型は「葉巻型」、「オブレート型」は「饅頭型」などとも称される。

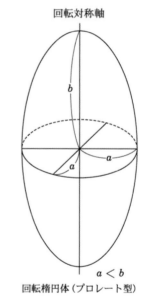

回転楕円体（プロレート型）

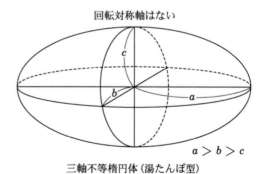

三軸不等楕円体（湯たんぽ型）

▲回転楕円形の種類
出典:『天文学辞典』公益社団法人 日本天文学会

■「地球は回転楕円体だ」と 提唱したのはニュートンだった

「地球は回転楕円体だ」と提唱したのは、万有引力を発見し、ニュートン力学を確立したイングランドの物理学者アイザック・ニュートン（生没年：1642〜1727年）だった。

◀アイザック・ニュートンの肖像画
出典：アイザック・ニュートン数理科学研究所ホームページ

1687年、ニュートンは「地球が自転している。そのため遠心力がはたらき、赤道が膨らんだ"みかん型"の回転楕円体をしている」と提唱した。

当時、時計といえば振り子時計が主流だったが、振り子時計の時間が場所によって遅れる（緯度が低いほど遅れる）という現象が知られていた。1671年、フランスの天文学者ジャン・リシェ（生没年：1630〜1696年）が、パリで正確に調整した振り子時計が赤道では1日につき約2分半遅れるという現象に気づき、「赤道の重力がパリの重力より小さいためだ」と主張していたのだ。

しかし、その理由については、誰もうまく説明できずにいた。

それを理論的に説明したのがニュートンだった。ニュートンは、この緯度による振り子時計の時間の遅れについて、「地球は回転しているために赤道に近づくほど膨らんだ楕円体（みかん型楕円体）の形をしており、赤道付近の遠心力が重力を弱めている。そのため振り子時計のおもりの動きに違いが出る」と説明したのである。

そもそも、振り子時計のおもりがひと振りする時間（周期）は、重力の平方根に反比例する。そのため、重力が小さいほどおもりがひと振りする

周期は長くなり、時計が示す時間は遅れていく。

つまり、緯度が低くなるほど振り子時計が示す時間が遅くなるのは、重力が小さくなっていくためであり、それこそ地球が回転楕円体である証拠であるというわけである。

ちなみにリシェは、1672年にフランス領ギアナのカイエンヌで火星と恒星の視差を測定したことでも知られている。

そのとき、フランスの天文学者ジョヴァンニ・カッシーニ（生没年：1625〜1712年）は、パリで同時に火星と恒星の視差を測定し、パリでの観測結果とリシェによるカイエンヌでの観測結果をもとに、地球と太陽までの距離を計算して、1億4000万km程度と見積もった。

現在、地球から太陽までの距離はおよそ1億4960万kmとされているから、カッシーニの計算結果は実に正確だったといえる。

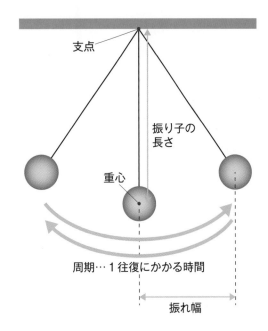

支点

振り子の長さ

重心

周期…1往復にかかる時間

振れ幅

【振り子の動きと周期の計算式】

$$T = 2\pi \sqrt{\frac{L}{g}}$$

（T：周期　π：円周率　L：振り子の長さ　g：重力加速度）

■ 地球の形を巡って起きた、
ニュートンとカッシーニの論争

　ニュートンが"みかん型説"を提唱するまで、多くの科学者は「地球はまん丸だ」と信じていた。それだけに、ニュートンの「みかん型説」は世界的に大きな注目を浴びた。

　いっぽうその頃、フランスのパリ天文台長だったジョヴァンニ・カッシーニと息子のジャック・カッシーニ（生没年：1677〜1756年）は、フランス全土の精密な地図を製作するために、フランスを南北に縦断する子午線の計測を行っていた。

子午線 ▶ 子午線とは赤道に直角に交差するように両極を結ぶ大円。同一経度の地点を結ぶ経線と一致する。

北極
子午線
（経度0度）
南極

　この測量では、子午線に沿った1°の長さは北では短く、南では長いという結果が出たため、1718年、ジャック・カッシーニは「地球は南北に長い縦長の形（プロレート型＝扁長楕円体）である」と発表し、その説は有力視された。なにしろ、ニュートン説が理論上の説にすぎなかったのに対し、カッシーニ説は実際の測量した結果をもとにしたもので説得力があったからである。

　しかしカッシーニ説のもととなった測量値の違いは、誤差の範囲を超えないほどわずかなものだった。そのため議論は紛糾した。

　そこでフランス学士院は論争に決着をつけるために、高緯度地域のスカンジナビア半島北部のラップランドと低緯度地域の南米のペルー（現在のエクアドル）に測量隊を派遣し、天文緯度1°あたりの子午線の距離を測定することを決定、測量隊は1735年にフランスを出発した。

天文緯度 ▶ 天文測量によって求められる緯度で、ある地点の緯度は、その地点の地表面に対する垂線と赤道面のなす角と定義される。

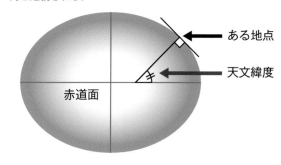

ある地点
天文緯度
赤道面

■ フランス学士院の測量隊によって
ニュートンの説が証明された

　測量はたいへんな作業だった。特にペルーに向かった測量隊は苦労することになった。

　ペルー測量隊を率いていたのは、フランスの天文学者であるシャルル＝マリー・ド・ラ・コンダミーヌ、ピエール・ブーゲー、ルイ・ゴダンらだったが、目的地のキトに到着したのは1736年6月のことだった。

　その後、彼らはキト付近の平原から測量を開始し、1739年には緯度3°分にあたる子午線弧の長さの測定を終了した。

　その頃にはラップランドでの測量に向かっていたピエール・ルイ・モーペルテュイらの調査隊はすでに調査を終えて帰国していた。そしてペルー測量隊からの測量結果の報告と合わせることで、どうやら地球が極方向に扁平な回転楕円体であることが明らかとなった。

　だがその後も、ペルー測量隊はなかなか帰国することができず、その間には事故や病気、暴動などに巻き込まれるなどして、多くの隊員を失い、出発してから帰国するまで9年半あまりもの年月が必要だったという。

　しかしその結果、次の表に示すように、高緯度のほうが1kmあまり長いことが明らかとなった。

　フランスの威信をかけた測量隊だったが、皮肉なことに、ニュートンの説が正しかったことが証明されたのだ。

■ 天文緯度1°あたりの経線の距離

場所	平均緯度	距離
ラップランド	66°20′N	約112km
フランス（パリ）	45°01′N	約111km
ペルー（現在のエクアドル）	1°31′S	約110km

▲フランス学士院による調査結果

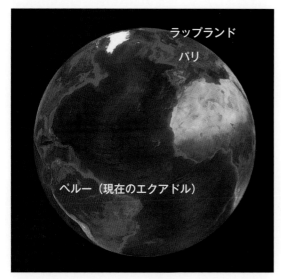

▲ラップランド、パリ、ペルー（現在のエクアドル）の位置
出典：Google Earth Pro

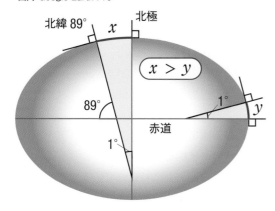

▲緯度1°あたりの子午線の距離は低緯度ほど長くなる

なぜ、フランス学士院による調査結果によって、地球回転楕円体説が証明されたのか、もう少し説明しよう。

上に示した図は、同じ経度上に存在する北極（北緯90°）と北緯89°の地点間の距離（x）と、同じ経度上に存在する赤道（北緯0°）と北緯1°の地点間の距離（y）を示したものだ。

この図が示すように、同じ1°分の距離の違いでも、高緯度の子午線の長さ（x）のほうが、低緯度における子午線の長さ（y）より長くなる。

もし、地球が完全な球だったら、その差は生じない。つまり、高緯度と低緯度による子午線の距離の違いは、地球が楕円体だからこそ生じているのである。

■地点ごとの重力の違いも地球が回転楕円体であることを証明している

地球が回転楕円体である証拠として、前述したように「地球上では、同じ物体であっても測定する地点によって重さが変わる」という事実もあげられる。

これも、重さを生み出すもととなる重力が場所によって変わっているから起きる現象だ。

ここで、重力・引力・遠心力の関係について、説明を加えておこう。

しばしば重力と引力（万有引力）は同じものだと混同している人がいるが、実は別のものである。引力は地球の中心（正確には重心）に向かってはたらいている力であり、遠心力は地球の自転軸から遠ざかる方向に向かってはたらいている。

この引力と遠心力を合わせた力（合力）こそが重力であり、「重力とは天体上の物体がその中心に引っ張られる力のことである」と定義されているのだ。

▲フランス測量隊の記念切手
　エクアドルで1936年に発行された。左からゴダン、
　コンダミーヌ、ブーゲー

地形の高さと深度を決めているアイソスタシー

　地球表面の高さと深さを決めている要素のひとつとして、アイソスタシー（isostasy）も忘れてはならない。比較的軽い地殻が、重く流動性のある上部マントルに浮かんでおり、地殻の荷重と地殻にはたらく浮力がつり合っているとする理論である。

■アイソスタシーとは何か

　地殻の厚さは大陸地殻部が30〜50km、海洋地殻部が5〜10kmほどである。そのうち上部の花崗岩質層の密度は約2.7g/㎤、その下の玄武岩質層の密度は約3.0g/㎤だ。さらにそれより下は、かんらん岩質からなるマントルだが、その上部（上部マントル）は約3.3g/㎤である。地殻と上部マントルを含めてリソスフェア（60ページ参照）と呼ぶが、この密度の違いによって地球地形の高さと深度が決まると考えられている。

　当然のことだが密度が小さい物質は密度の大きな物質の上に浮く。つまり、地殻はまるで水に氷が浮くようにマントルの上に浮いて、安定した状態となっている。このような状態をアイソスタシー（地殻均衡あるいは重力平衡）という。アイソスタシー理論についてもう少し説明しておこう。

　地殻の密度が上部マントルの密度より小さいことは前述したが、密度の小さい地殻の体積が大きくなればなるほど浮力は大きくなる。

　つまり標高が高い山があって地殻が厚くなっている部分は、それだけ浮きやすくなる。

　逆に、標高の低い山がある部分（つまり地殻が薄い部分）は、密度が小さい地殻の体積が小さいのだから、それだけ浮きにくくなる。しかし、だからといって、そこが沈み込んでいくわけではない。

　このように密度の違いがあっても、バランスがとれ、安定している状態を「アイソスタシーが成り立っている」という。

　アイソスタシーが成り立っているところでは、マントル内の、ある仮想面にかかる圧力はどの場所でも同じである。

　下図のA、B、Cの地点で説明しよう。

> Aでの圧力＝2.7a＋3.0b……………①
> Bでの圧力＝2.7c＋3.0d＋3.3e……②
> Cでの圧力＝1.03f＋3.0g＋3.3h…③

　この計算式で①＝②＝③であれば、アイソスタシーが成立していることとなる。

　アイソスタシーが成り立っているところでは、マントル内のある仮想面にかかる圧力はどこの場所でも同じであり、安定しているということだ。

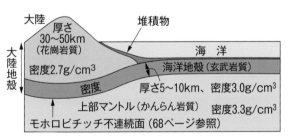

▲リソスフェア（地殻と上部マントル）の構造
出典:『ひとりで学べる地学』清水書院

▲海に浮かぶ氷山のイメージ　iStock ©Alessandoro Photo

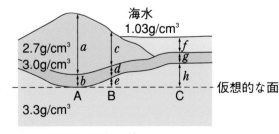

▲アイソスタシーのイメージ
出典:『ひとりで学べる地学』清水書院

■ アイソスタシーが成立しないと どうなるか？

　地球表層の大部分でアイソスタシーは成立している。ただし、アイソスタシーが成り立たない地域もある。

　たとえば地殻変動によりプレート同士が衝突している収束型境界のように大きな水平圧力が地殻にはたらいている場合がそうである。

　収束型境界とは、プレートテクトニクス理論において、プレート同士が接近し衝突している境界のことだ。軽いプレートの下に重いプレートが沈み込んでいくが、多くの場合、プレート境界部に海溝を形成する。アイソスタシーが成り立っていない典型的なケースだ。

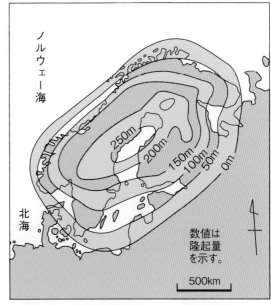

▲ スカンジナビア半島の隆起量
出典：『ひとりで学べる地学』清水書院

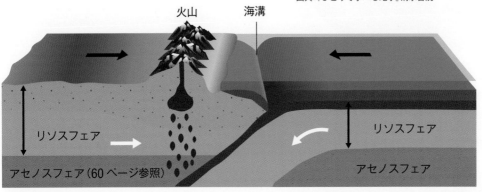

▲ 収束型境界のイメージ

　また、たとえば氷床に代表されるような巨大な質量が急に消失した場合にも、地殻の荷重と地殻にはたらく浮力のバランスがくずれて、アイソスタシーは成立しなくなる。

　実際、スカンジナビア半島では、氷床の消滅後、現在も年間数mm～1cm単位で隆起が続いている。この地域は約1万年前の氷河期には約3000mの厚い氷床に覆われていた。

　だが、氷河期の終わりとともに急速に氷床が溶け、地面にかかる圧力が減少し始めた。そのため、それまで氷床の重みで押さえつけられていた地殻が、地殻にはたらく浮力によって隆起し始めたというのである。いわばアイソスタシーが回復されつつある状態なのである。

▲ 溶け落ちるグリーンランドの氷河　Photolibrary

地球の表面は海あり山ありで変化に富んでいる

地球の表面積は約 5.1 × 10^{8}km²だが、そのうち約 70%は海で覆われ、残りの約 30%が陸となっている。まさに地球が"水の惑星"と呼ばれる所以だが、その表面は実に変化に富んでいる。

▲地球は起伏に富んでいる
「グローバル・レリーフ・モデル ETOPO1」より
©NOAA National Geophysical Data Center

■地球の70%は海、陸地は30%

地球の水は、海水97.47%（約13.51億km²）、淡水2.53%（約0.35億km²）、氷河1.76%（約0.24億km²）、地下水0.76%（約0.11億km²）、河川・湖沼が0.01%（約0.001億km²）という形で存在している。

この数字を見ると、地下水や河川、湖沼などの水として存在する淡水の量は地球全体の水の約0.8%に過ぎないことがわかる。

さらにこの大部分は地下水だ。人が利用しやすい状態で存在する河川や湖沼などの水は、非常に少ない。それだけ私たちにとって水は非常に貴重なものなのだ。

また、陸地は均等に存在しているわけではなく、北半球に多く、南半球では少なくなっている。その割合を緯度別に見ると、次のようになっている。

■ 緯度別の陸地と海洋の面積割合

	緯度	陸地	海洋
北半球	北半球全体	39.4%	60.6%
	90—80° N	10%	90%
	80—70° N	30%	70%
	70—60° N	71%	29%
	60—50° N	57%	43%
	50—40° N	52%	48%
	40—30° N	43%	57%
	30—20° N	38%	62%
	20—10° N	26%	74%
	10—0° N	23%	77%
南半球	南半球全体	18.4%	81.6%
	0—10° S	24%	76%
	10—20° S	22%	78%
	20—30° S	23%	77%
	30—40° S	11%	89%
	40—50° S	3%	97%
	50—60° S	1%	99%
	60—70° S	8%	92%
	70—80° S	63%	37%
	80—90° S	89%	11%

参考資料：『理科年表2020』

■地球の表面は陸も海底も凸凹している

地球の姿がほぼ球体（回転楕円体）であると説明してきた。

しかし実際の地球の表面は複雑だ。私たちが目にする陸と同様、直接目にすることのできない海底も非常に凹凸に富んでいる。

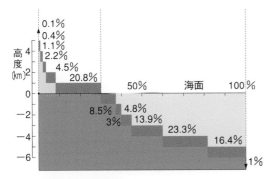

▲地球の高度と水深の分布

出典:『ひとりで学べる地学』清水書院

上に示した図は、地球の高度と水深の分布の割合を示している。陸上では風化や侵食が盛んで凹凸ができる。いっぽう、海底は地層が堆積することで一般的には平らな地形が広がっているが、陸上では見られない海嶺（かいれい）（海洋底の大規模な山脈）や大陸沿いに分布する海溝（かいこう）（海洋底の深い谷）などが存在している。

■ 地表の最高標高と 最大深度の差は約 2100m

地球上の陸地で最も高いのはエベレスト山（チョモランマ）で標高8848mと、日本の最高峰である富士山（標高3776m）の２倍以上だ。それに対し、海で最も深いのはマリアナ海溝の水深は約１万1000mで、その差約2100mほどだ。

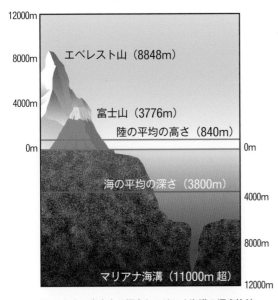

▲エベレスト山、富士山の標高とマリアナ海溝の深度比較

しかし、それも地球の大きさ（直径約１万2700km）に比べると極めて小さな差といえる。仮に地球を直径１mの球に縮小すると、その高度差はわずか1.6mmにすぎなくなり、もはや肉眼で見分けることは困難である。

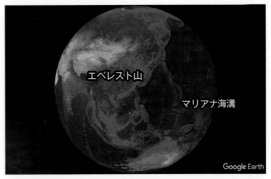

▲マリアナ海溝とエベレスト山の位置

出典:Google Earth

▲世界で最も深いマリアナ海溝

マリアナ海溝を探査する深海探査艇ディープディスカバー。最も深い場所は１万1034mで、チャレンジャーディープと呼ばれている。 出典：NOAA

▲北からのぞむ世界最高峰エベレスト山。チベットからネパールに抜けるときの光景

Photolibrary

COLUMN 紀元前 230 年頃に地球の大きさを正確に計算した学者がいた

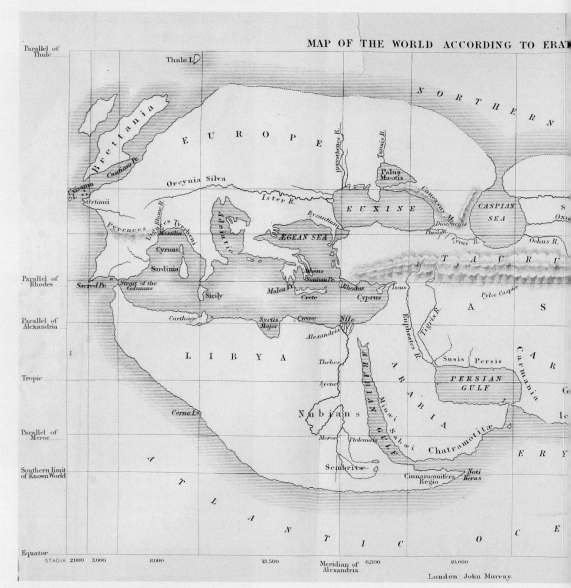

▲再現されたエラトステネスの世界地図
『ギリシャ人とローマ人の間の古代の地理の歴史、初期からローマ帝国の崩壊まで』
(E・H・バンベリー著、1883年発行) に際して再現された。

● 古代ギリシャで生まれた「地球球体説」

　地球は丸いという概念は、古くは紀元前5世紀の古代ギリシャの時代に誕生したとされている。たとえば、「ピタゴラスの定理」で知られる古代ギリシャの数学者であるピタゴラス（生没年：紀元前582〜紀元前496年）は、「すべての立体の中で、もっとも規則正しいのは球体であり、地球は空間に浮かぶひとつの球体である」とした。しかし、それは概念的な考えにすぎず、観測に基づく科学的な説ではなかった。

　また、哲学者として知られるプラトン（生没年：紀元前427〜紀元前347年）は、対話篇『ティマイオス』の中で、世界の形状について、「創造主（デミウルゴス）が、地球を中心から端までの距離がどこも等しい球形に仕上げた」とした。

　さらに、そのプラトンの弟子であるアリストテレス（生没年：紀元前384〜紀元前322年）は、著書『天体論』で地球球体説を強く主張したが、その根拠は次のようなものだった。

> ①地上のあらゆるものは圧縮・集中によって球を形成するまで中心に向かおうとする傾向を持っている。
>
> ②南へ向かう旅行家は南方の星座が地平線より上に上るのを見られる。
>
> ③月食時に月面に見られる大地の影は丸い。

　こうして、古代ギリシャにおいては、地球が球体であるという認識が一般的となっていたが、この地球球体説にのっとって、地球の大きさを実際に計算する人物が登場する。

　エジプトで、数学者・天文学者・地理学者・哲学者として活躍したギリシャ人のエラトステネス（生没年：紀元前275〜紀元前194年）である。彼が、世界で初めて地球の大きさを計算したのは紀元前230年頃のことだとされている。

● エラトステネスはこうして
地球の大きさを計算した

エラトステネスは、紀元前236年にアレクサンドリア図書館の館長に任命されたが、そこで、夏至の日の正午にシエネ(エジプト南部の町、現在のアスワン)では深い井戸の底まで太陽の光が差し込むことを知った。

それは、夏至の日の正午には天頂(地表面に対して垂直な方向)から太陽の光が差していることを意味していた。

そこで彼は、シエネの北にある町アレクサンドリアに出かけ、やはり夏至の日の正午に太陽の位置と天頂のなす角度を観測した。

この観測で、エラトステネスは、アレクサンドリアでは天頂から南に360°の1/50倍、すなわち7.2°の角度で太陽の光が差しているという結果を得た。これは、シエネとアレクサンドリアの2点の緯度の差が7.2°であることを意味している。

いっぽう、シエネとアレクサンドリアは、キャラバン(隊を組んで砂漠を行く商人の一団)で歩いて50日かかる距離(5000スタディア)であった。スタディアとは、古代ギリシャで使われていた単位で1スタディアは約185mに該当する。つまり、アレクサンドリアからシエネまでは約925kmの距離であった。彼は、たったこれだけのデータをもとに、次のような計算式で、「地球の一周を約4万6250km、半径は7400kmだ」としたのである。

▲アレクサンドリアとシエネの位置関係
出典:Google Earth

【エラトステネスの観測結果】

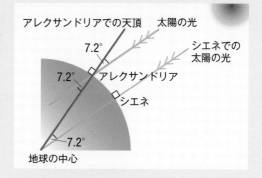

【計算式】

地球の全周を L 〔km〕とすると、
　L :925km=360°:7.2°
　　　　　↓
　L = =46,250〔km〕
地球の半径を R 〔km〕とすると
　L =2π R =46,250km
　　　　　↓
　R = ≒7,400〔km〕

この値は実際の値(赤道全周4万75km、半径6378.1km)よりも大きめではあった。しかし、当時の測量技術のレベルを考えると、エラトステネスが算出した値は、極めて精度の高いものだったといえる。

ところで、エラトステネスの功績としては、地図をつくるにあたり、緯度と経度を導入したことがあげられる。とはいえ当時は、経線と緯度の間隔はバラバラだった。

それが現代のように、緯度や経度が等間隔にした地図が登場してくるのは、紀元前2世紀になってからのことだ。古代ギリシャの天文学者ヒッパルコス(生没年:紀元前190年頃〜紀元前120年頃)は、地図は天文学的に計測された緯度と経度に基づかなければならないと主張した。

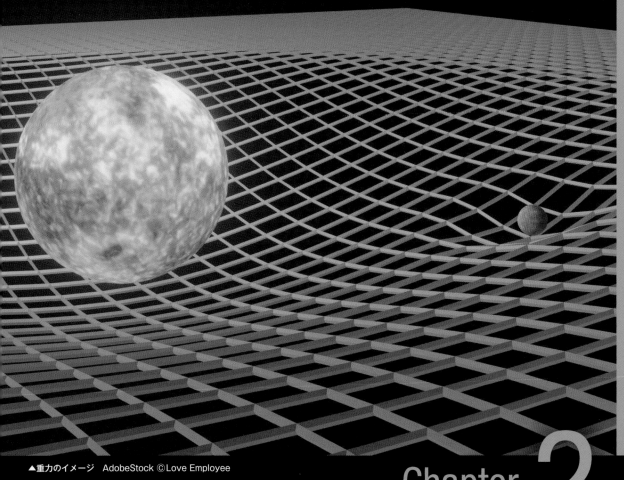

▲重力のイメージ　AdobeStock ⒸLove Employee

Chapter **2**

地球にはたらく
万有引力と重力

質量を持つすべての物質はお互いに引き合っている。
それが万有引力だ。
地球をはじめとする太陽系惑星にも太陽との間に万有引力がはたらいて
引っぱられているが、公転運動をすることで、遠心力がはたらいて引力
と釣り合うことで、お互いに衝突することを回避している。
また、惑星自体とその表面に存在する物質の間にも万有引力が
はたらいているが、惑星は自転することで、遠心力が生じている。
この遠心力と万有引力の合力が重力である。

宇宙を支配している万有引力

宇宙は万有引力で支配されている。惑星が太陽の周囲を公転していることで遠心力が生じ、万有引力と遠心力が釣り合って軌道が安定的に保たれている。

▲太陽系も万有引力に支配されている　ⒸNASA

■私たちを地球に引きつけている万有引力

万有引力は質量を持つあらゆる物質の間ではたらいている。たとえば、机の上に鉛筆と消しゴムが載っていた場合、この鉛筆と消しゴムは互いに引っ張り合っているし、道ですれ違う人と人の間にもはたらいている。

ただその力があまりに小さいために、人間には感じ取ることができないだけである。

当然、地球と地球上にある物質の間にも万有引力がはたらいているが、地球が生み出す万有引力は極めて大きいものである。そのおかげで、地球の表面にあるものは、地球の中心の方向に引きつけられている。球体である地球のどこであっても、海に落ちた物質は地球の引力で海底に沈んでいくが、海底面に達すると、地球内部に沈むことなく、静止する。これは地球の重力と海底面における垂直抗力が釣り合っているためである。

■ニュートンの万有引力の法則 ──質量あるところに万有引力あり!

この万有引力を発見したのはニュートンである。彼は、太陽を公転する地球の運動や木星の衛星の運動を理論的に説明するために、ケプラーの法則に運動方程式を適用することで、万有引力の法則を導き出し、著書『プリンキピア』(自然哲学の数学的諸原理)で公表した。1687年のことである。

ニュートンは、万有引力の大きさは引っ張り合う2つの物体の質量に比例し、物体間の距離の2乗に反比例する。つまり、大きい質量の物体ほど強い引力を持ち、距離が開くほど引力の影響は小さくなると説明し、2つの物体の質量をM、mとし、距離をr とすると、万有引力F は次の式で示されるとした。

【ケプラーの法則】

ドイツの天文学者ヨハネス・ケプラー(生没年:1571〜1630年)が提唱した惑星の運動に関する法則。

第一法則:惑星は太陽を焦点のひとつとする楕円軌道を描く。(楕円軌道の法則)

第二法則:惑星と太陽を結ぶ線分が単位時間内に通過する面積は、楕円軌道上の場所によらず一定である。(面積速度一定の法則)

第三法則:惑星の公転周期の2乗は、軌道長半径(太陽と惑星の間の半長軸)の3乗に比例する。(調和の法則)

【万有引力の法則】

$$m\ \bullet\!\!\rightarrow F \qquad F \leftarrow\!\!\bullet\ M$$
$$\longleftarrow r \longrightarrow$$

$$F = G\frac{mM}{r^2}$$

F：万有引力　　G：万有引力定数

M、m：物体の質量〔kg〕

r：物体間の距離〔m〕

この「万有引力の式」に万有引力定数が出てくるが、これはニュートンが万有引力の法則を説明するために導入したものであり、重力定数とも呼ばれる。19世紀になって国際単位が体系化される中で、基礎物理定数として定義されていくこととなる。

COLUMN　重力定数を最初に測定したキャヴェンディッシュ

ニュートンが提唱した万有引力定数を最初に測定したのは、イギリスの物理学者ヘンリー・キャヴェンディッシュ（生没年：1731〜1810年）だとされている。しかし、キャヴェンディッシュ自身は万有引力定数を測定しようとしたわけではなかった。当時の科学者たちは重力を重要視しておらず、もっぱら地球の密度に関心を向けていた。それがわかれば、太陽系の惑星や月の密度もわかると考えていたからだ。そこでキャヴェンディッシュは、地球の密度と質量を決定することを目指して実験を行った。

実験は小屋の中に設置した装置によって行われた。装置そのものは、約１mのワイヤーに吊るした木製の天秤（長さ約1.8m）の両端に直径304.8㎜で質量157.85 kg の鉛球（大鉛球）と直径50.8㎜で質量 0.73kgの鉛でできた球（小鉛球）を取り付けたものだった（図参照）。

大鉛球と小鉛球の間に万有引力がはたらき、小鉛球は大鉛球に向けて動き、それに伴い天秤棒が回転して、天秤棒を吊るしているワイヤーがねじれる。このワイヤーのねじれる力（トルク）と小鉛球が大鉛球に引き寄せられる力が釣り合うと天秤棒の回転は停止する。そのときの天秤棒の変位角とワイヤーのねじれる力を測定すれば、ニュートンの万有引力の法則の式を用いて地球の密度を計算することが可能となる。キャヴェンディッシュは、こうして実験で得られた結果をもとに、地球の密度が水の密度の5.448±0.033倍（すなわち比重）であるとしたのである。このキャヴェンディッシュの測定値をもとに、1800年代の終わりに地球の重力が計算された。その結果、G＝6.74×10⁻¹¹ m³ kg⁻¹ s⁻²という結果だった。この値と、現代、基礎物理定数として採用されている値の誤差はわずか１％である。

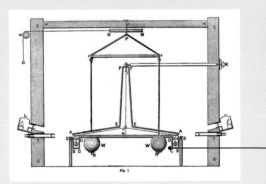

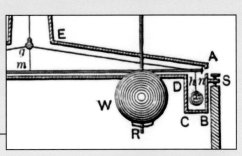

▲キャヴェンディッシュのねじり天秤装置の縦断面

■「不確かさ」を含む万有引力定数

　実は、万有引力定数はまだまだ確定されたものではない。1969年に、科学技術データ委員会（CODATA※）に基礎定数作業部会が設置され、1973年に最初の推奨値が発表された後、1986年に2回目の推奨値が公表されてから何回か改訂されていたが、1998年以降は4年ごとに改訂されており、現在の最新の万有引力定数の推奨値は次のようになっている。

$$G = 6.67430(15) \times 10^{-11}$$
$$〔単位：N \cdot m^2 \cdot kg^{-2}〕$$

　Gは万有引力定数を意味する記号。単位の〔N・m^2・kg^{-2}〕は、「万有引力（単位：N）が質量の積（kg^2）に比例し、距離の2乗（m^2）に反比例する」ということを意味している。

　この万有引力定数で注目してほしいのが、「G＝6.67430（15）×10^{-11}」という式の中に含まれている（15）という部分だ。これは〔6.67430±0.00015）×10^{-11}〕という意味だが、6.67430という値の最後の2桁の「数値の不確かさ」（計測値のばらつきの程度を数値で定量的に表した尺度）を示している。つまり、「6.67430の最後の30という数値は、±0.00015の不確かさを含んでいるよ」ということである。

　万有引力定数が、このような不確かさを含んでいるのは、万有引力が極めて弱い力であり、最新の技術を駆使して計測しても周囲の物質による影響などを完全に除去できず、正確に計測できないからだ。そのため、CODATAが発表する万有引力定数はあくまでも推奨値とされている。

　いずれは、より正確な万有引力定数が示されることになるかもしれないが、今のところ「万有引力定数は6.67だ」と記憶しておけば十分だろう。

COLUMN　太陽と地球の間にはたらく万有引力は？

　ところで太陽と地球の間ではたらいている万有引力の大きさはどれぐらいなのか？

　万有引力定数を6.67として、太陽の質量（M）を1.989×10^{30}kg、地球の質量（m）を5.974×10^{24}kg、太陽と地球の間の距離（G）を1.496×10^{11}mとして、万有引力の法則の式である「$F = G\frac{mM}{r^2}$」に当てはめてみると、「F＝3.544×10^{22} N」となる。

　いっぽう、地球と月の間ではたらく万有引力は、どれほどなのか？　月の質量が7.35×10^{22}、月と地球の距離が3.84×10^8mだから、万有引力の法則の式にあてはめると、「F＝1.98×10^{20}N」となり、太陽と地球の間ではたらく万有引力よりはるかに小さい。

　しかし、たとえば地球における潮の満ち引きなどに与える影響は月の引力のほうがはるかに大きくなる。地球における潮の満ち引きには太陽の万有引力も影響を与え

ているが、太陽から地球までの距離と月から地球までの距離の比はおよそ400：1なので、月による潮汐力と太陽による潮汐力の比は、1：0.42と、月の潮汐力のほうがはるかに大きな影響を与えることになる（下図参照）。

　それにしても、なぜ万有引力が発生するのだろうか？　残念ながら、今のところ、その謎は解けていない……。

干潮／満潮／満潮／干潮　月の引力

▲潮の満ち引きと月の引力

※CODATA：Committee on Data for Science and Technology

■「万有引力＝重力」ではない

万有引力と重力を同じものだと勘違いしている人も少なくないようだが、実は違うものである。

万有引力は、わかりやすくいえば「質量のあるすべての物体同士の間にはたらく、互いを引っ張り合う力」のことである。

それに対して重力とは、地球との間にはたらく万有引力と地球の自転による遠心力の合力である（32ページ参照）。

■重力による位置エネルギー＝重力ポテンシャル

重力の向きに対して物体の高さが変化すると位置エネルギーが変化する。この重力による位置エネルギーを重力ポテンシャルという。

ポテンシャル（potential）という言葉は、現在では「（将来の）可能性のあること」や「（発展・発達の）見込みのあること」などを意味する言葉として日常的に広く使われるようになっている。

しかし、もともとは19世紀に物理学において力学の概念として用いられるようになった言葉である。力は大きさと向きを持ったベクトル量に対し、重力ポテンシャルはエネルギーの大きさを表わす向きを持たない量なのでスカラー量と呼ばれる。位置エネルギーとは、物体が「ある位置」にあることで物体にたくわえられるエネルギーのことであり、力学でのポテンシャルエネルギーと同義語である。

いっぽうスカラー量とは特定の座標系とは無関係で、大きさだけを持つ量のことで、たとえば、温度、面積、体積、密度などがそれに当たる。

このスカラー量に対して、変位、速度、加速度、力、圧力などのように、大きさと向きを持つ量はベクトル量と呼ぶ。

POINT **同じ物体でも高いところにある物体は低いところにある物体よりも大きなポテンシャルエネルギーを持っている**

ポテンシャルエネルギーは、重力がはたらいているところで、ある粒子が持つ位置に関係したエネルギーで、スカラー量である。

次に示す図のように、質量m（単位：kg）の物体Aを、基準面（0）からh（単位：m）の高さまで持ち上げて手を放すと、物質にmgの力（単位：N_{ニュートン}）の力がはたらき基準面まで落下する。

これは高低差によって生じる現象であり、物質はポテンシャルエネルギーの高いほうから低いほうへ移動（落下）する。

つまり高いところにある物体は、それだけでエネルギーを持っているということであり、ポテンシャルエネルギーは、高低差によって物体に生じた「仕事をする能力」と言い換えることもできる。

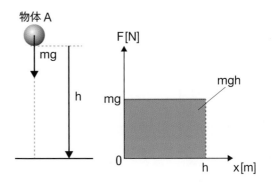

【重力ポテンシャルの式】
$$U=mgh$$

▲物体は高いところほどポテンシャルも高い

■重力は万有引力と遠心力の合力である

重力を生み出しているのは地球自身による万有引力と遠心力である。

地球の中心に向かう万有引力の大きさは地球の中心からの距離によって決まる（地球の中心からの距離の2乗に反比例する）が、地球が回転楕円形（けい）であるため、地球の中心までの距離は赤道が最も長く、両極が最も短い。そのため、万有引力は赤道で最も小さくなるし、両極が最も大きくなる。

いっぽう地球の自転の速さは一定であり、遠心力は自転軸からの距離に比例して大きくなる。そのため、遠心力は赤道で最も大きくなり、両極ではゼロになる。つまり、遠心力の大きさは緯度によって異なる。

この2つの力が下に示すように合成されたのが重力である（ただし、遠心力は重力の約300分の1以下を占めるにすぎない）。

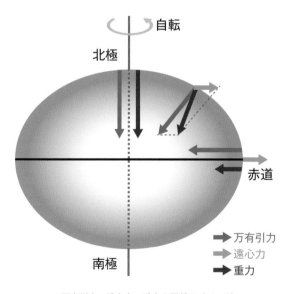

▲万有引力・遠心力・重力の関係のイメージ

実際に重力を計測してみると北極や南極では重力が約9.83Nと最大となるのに対し、赤道では約9.78Nと最小となるが、その差は0.5%ほどとごく小さなものだ。

これは、たとえば北極で計測したとき体重計が60kgだった人が、赤道上で計測すれば59.7kgになるというレベルにすぎない。そのため、われわれ人間はその変化をほぼ意識することなく、地表に対して鉛直方向を真下だと認識して生活している。

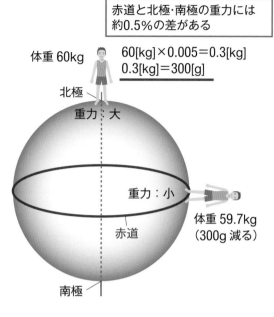

▲計測地点で体重は変わる

■重力の大きさを示す重力加速度

重力の大きさを示すのに使われるのが、重力加速度（じゅうりょくかそくど）である。

単に加速度といえば、時間あたりの速度の変化率のことで、1秒間に物質がどれだけ速度が増すかを表す値で単位はm/s^2が使われる。それに対して重力加速度とは、物体を落としたときに重力によってその物体の速度が単位時間あたりどれだけ速くなるかを示した値だが、単位にはやはりm/s^2が用いられる。

質量のある物体

重力加速度 [m/s²]
⇒物体に重力がかかることによって、発生する加速度のこと

重力のみがかかった状態で落下させると、時間とともに落下速度が速くなっていく

▲重力加速度のイメージ

■ 太陽系天体の重力加速度

　同じ太陽系の天体でも重力加速度は、次の表に示すように、かなり異なっている。たとえば地球よりも質量が小さく、重力加速度の小さい月の場合、それに応じて重力も小さくなる。月の表面における重力加速度は1.625m/s²で地球の表面における重力加速度9.8067m/s²の約6分の1しかない。つまり月表面における重力は、9.80665N÷6≒1.62Nということになる。単純計算すれば、地球で1mのジャンプ力を持っている人が月でジャンプすれば6mほど飛べることになる。

〈地球の重力の場合〉　　〈月の重力の場合〉

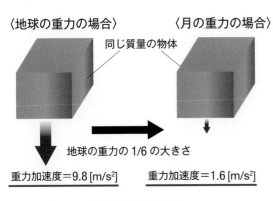

▲重力加速度のイメージ

　逆に、重力加速度が274.1m/s²と地球の27.9倍もある太陽の場合、その表面における重力は、9.80665N×27.9≒273.6Nということになる。それではとても飛び上がることなどできないし、生きていくことすら困難になるだろう。

■ 太陽系天体の表面重力の比較

天体名	重力加速度(m/s²)	対地球比(倍)
太陽	274.1	27.9
水星	3.703	0.377
金星	8.872	0.9032
地球	9.8067	1
月	1.625	0.1655
火星	3.728	0.3895
木星	25.93	2.640
土星	11.19	1.139
天王星	9.01	0.917
海王星	11.28	1.148

　それぞれの天体における重力加速度（重力）は、原則的にその天体の質量による万有引力に比例する。球形の天体であれば、それぞれの天体の表面における重力の値は、どの地点でもほぼ一定している。

COLUMN　重さと質量の違いとは

　「重さ」とは、物体にかかる重力（単位：N（ニュートン））のことであり、「質量」とは環境や重力によって変わらない物体そのものの重さ（単位：kg）である。「重さ」は質量と重力加速度を掛け合わせることで求められる。それに対して、そもそも物理量である「質量」は重力によって値が変化することはない。

　地上で10kgの質量の物質は、地球を周回している宇宙船内のような無重力状態でフワフワ浮いていたとしても、質量は10kgのままである。しかし、重さ（重量）は違う。前述したように、重さは質量と重力加速度を掛け合わせることで求められる。

　たとえば、地球の表面で重さ60Nの物質は、無重力下では重力加速度がゼロなので重さはゼロになるが、重力加速度が地球の約6分の1（対地球比0.1655）しかない月の表面では9.93Nになるし、重力加速度が約28倍（対地球比27.9）の太陽の表面では1674Nになる。このように重さと質量は明らかに違うものなのだ。

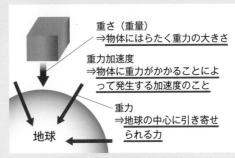

重さ（重量）
⇒物体にはたらく重力の大きさ

重力加速度
⇒物体に重力がかかることによって発生する加速度のこと

重力
⇒地球の中心に引き寄せられる力

地球

▲重力、重力加速度、重さの関係

■標準重力と正規重力

重力には標準重力と正規重力がある。標準重力は、その緯度の標高０ｍでの標準的な重力の値という意味で、9.80665m／s²という値が標準重力加速度とされている。この値は、国際度量衡局（BIPM※）が北緯45°の平均海面での値を実際に測定し、それをもとに計算して導き出した理論値だったが、1901年の第３回国際度量衡総会（CIPM※）で１Ｇ＝9.80665m／s²が正式な値として決められた。いっぽう正規重力というのは、地球楕円体表面上

の各緯度における計算上の重力のことで、次に示す公式で表される。

ちなみに、測地学や地球物理学においては、重力の単位としてGal（１Gal＝0.01m/s²）が使われることもある。これはイタリアの天文学者ガリレオ・ガリレイ（生没年：1564〜1642年）の名前にちなんで名づけられた加速度の単位で、１Ｎは100Galに相当する。Ｎで表す値より２桁大きくなるが、精密な地図をつくるときなどは、より細かな重力の変動を把握する必要があり、その際、ＮよりもGalのほうがわかりやすい。

【正規重力公式】

$$\gamma = \frac{a\gamma_e\,\cos^2\psi + b\gamma_p\,\sin^2\psi}{\sqrt{a^2\cos^2\psi + b^2\sin^2\psi}}$$

a は地球の赤道半径＝6,378,137（m）

b は極半径＝6,356,752（m）

γe は赤道における正規重力＝978.032677Gal（9.78032677G）

γp は極における正規重力＝983.218637Gal（9.83218637G）

ψ は測地緯度（rad）

■重力は重力ポテンシャルから計算できる

地球上において、重力（G）は万有引力と遠心力の合力であると説明したが、万有引力に比べて遠心力は小さいので、遠心力を無視すると、万有引力の式〔$F=G\frac{mM}{r^2}$〕は〔$mg=G\frac{mM}{r^2} \rightarrow g=\frac{GM}{r^2}$〕と置き換えられる。

Mは地球の質量、rは地球の半径、Gは万有引力定数で、いずれも固定されるので、地球の重力gは物質の質量にかかわらず、同じ大きさを示すこととなる。

つまり、万有引力を積分すると、万有引力の位置エネルギーが計算できる。逆にいうと、位置エネルギーがわかれば、重力も計算できることになる。

POINT

正規重力は緯度の関数である

地球上での引力は、前述したように地球の中心からの距離の２乗に反比例する。その距離は、地球の形（回転楕円体としての形）がわかっているので、緯度によって決めることができる。また自転軸からの距離も緯度によって決められるので、引力も遠心力も緯度によって決めることができる。その結果から、重力も緯度によって決めることができる。

このように緯度によって決まる理論的な重力が正規重力なのである。

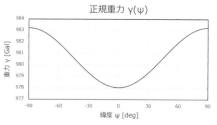

▲地球表面の各緯度における標準的な重力の大きさ（正規重力）

※BIPM：Bureau International des Poids et Mesures（仏語）
※CIPM：Comité International des Poids et Mesures（仏語）

▲2つのブラックホールが衝突して、重力波の形で膨大なエネルギーを放出するイメージ
　ブラックホールの近くの黄色の構造は、この領域における時空の強い曲率を示している。オレンジ色の波紋は、
　急速に軌道を周回する質量によって引き起こされる時空の歪み。これらの歪みは広がり、弱まり、最終的に
　は重力波（紫色）になると考えられている。
©NASA/Bernard J. Kelly (Goddard and University of Maryland Baltimore County), Chris Henze (Ames)
and Tim Sandstrom (CSC Government Solutions LLC)

　「地球では重力は万有引力と遠心力の合力である」と説明してきたが、物理学では、ニュートンの万有引力が質量によって生じる力なので、それを重力という言い方もする。いずれにせよ、その力が、どういうメカニズムではたらいているのかについては、未だに解明されていない。

　一般相対性理論の生みの親であるアルベルト・アインシュタイン（生没年：1879〜1955年）は、1916年に重力相互作用を伝達する素粒子として、重力子（グラビトン）の存在を予言している。以来、人類は重力の謎に迫ろうとしているが、2015年には、宇宙由来の重力波の直接観測を目指していたアメリカのレーザー干渉計重力波観測所（LIGO※）が、地球からの距離13億光年にある2個のブラックホール同士が衝突合体したときに発した重力波を直接検出して注目された。

　日本にも岐阜県の旧神岡鉱山内に、重力波の観測装置がある。大型低温重力波望遠鏡「KAGRA※」だ。人類はまだ、重力の謎は解明の糸口をつかんだばかりだが、いずれは解き明かされるときが訪れるだろう。

▲KAGRAのアームトンネル（Xアーム）
　3kmにわたって直径80cmの真空ダクトが続いている。
　画像提供：東京大学宇宙線研究所 重力波観測研究施設

※LIGO：Laser Interferometer Gravitational-Wave Observatory
※KAGRA：Kamioka Gravitational wave detector, Large-scale Cryogenic Gravitational wave Telescope

地球上のすべての物体には地球の重力がはたらいている

地球上のすべての物体には重力がはたらいている。そもそも地球が球形となった理由のひとつは重力が存在していたからだが、重力は現在もなお、地球における様々な現象に大きな影響を与え続けている。

■山の高さは重力によって決まる

地球上では、今も活発な造山運動が続いているが、新たな山が誕生するとき、その高さは、重力と山を構成している物体の硬さとの相互関係で決まる。山を構成する物質が硬ければ山の高さは高くなるし、軟らかい物質であれば、山の高さは低くなる。

たとえば世界最高峰（さいこうほう）のエベレスト山は標高8848mだが、どうもそのあたりが地球で生まれる山の高さの限界だと考えられている。重力の影響によって生じる山自体の重さが、山の形を維持する力（地殻構造力）を突破してしまうからだ。

しかし、太陽系の惑星にはそれ以上の高さの山が数多く存在している。

たとえば火星には標高基準面からの高度が2万5000mに達するオリンポス山がある。エベレスト山の約3倍もの高さだ。

オリンポス山がこれほど高くなったのは、火星ではプレート移動が起こらないため、火口上に噴出した物質が積もり続けたことに加え、重力が地球の0.3895倍しかないからだと考えられている。

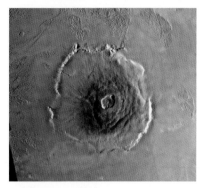

▲火星のオリンポス山
1978年に火星探査機バイキング1号により撮影された。山頂には長径80kmのカルデラが見える。　©NASA

オリンポス山

25,000m　エベレスト山

▲オリンポス山とエベレスト山の標高

▲ヒマラヤ山脈にある世界最高峰のエベレスト山の山頂
出典：Google Earth

▲2017年8月1日、国際宇宙ステーションから撮影された台風　©NASA

また、山が形成されていく過程で、ある程度まで隆起が進むと、たとえば地震や自然浸食作用などをきっかけとして地すべりや地盤沈下などが引き起こされ、地形は大きく変化する。その際も重力が大きく影響している。

■重力は大気現象にも影響を与えている

重力は大気現象にも影響を与えている。冷たい空気は密度が大きく（つまり重い）、暖かい空気は密度が小さい（つまり軽い）。そのため、冷たく重い空気の塊（かたまり）は重力の影響を受けて背が低くなって気圧は高くなる。

いっぽう、暖かく軽い空気の塊は背が高くなって気圧は低くなる。こうして生じる気圧の差が、天候に大きな影響を与えているのだ。たとえば、台風やハリケーンも重力が関係している。

■生物の姿も重力の影響を受けている

生物の構造や生理的機能も重力の大きさと密接に関係しているとされている。

たとえば生物の姿勢を決定づける要因のひとつが重力だ。地球上の生物は、重力があることを前提に進化してきた結果として現在の姿となっている。それを象徴するのが骨格だ。

単細胞生物として誕生した地球の生命体は、長い時の流れを経て、多細胞化を果たし、体を巨大化させてきた。その巨大化した体を支え、活発に運動できるようになったのは、進化の過程で骨格を持つようになったからだとされている。元をただせば、重力があったからこそ、骨格を持つ生命が繁栄するようになったということである。

そういう意味では、私たち人類が誕生するには、地球の重力が最適だったということである。仮に無重力の世界で発生した生物がいるとすると、その生物は地球の生物とはまったく異なった姿をしていることだろう。

地形を把握するために必要なジオイドの概念

　地球表面の凹凸（おうとつ）を統一的に示すには、基準が必要である。そこで、地球全体をひと続きの海で覆（おお）ったときの平均海水面を仮定して、高さを決めるときの基準面（つまり標高０ｍ）とすることとなった。それがジオイドである。

　下の画像は、「International Centre for Global Earth Models」（国際地球モデルセンター）がジオイド面を３Ｄ化した画像である。高さを１万倍に強調しているために、かなりいびつな形になっているが、実際の凹凸はごくわずかで、肉眼ではほぼ真球に近い形となる。

-110m
-88m
-66m
-44m
-22m
0m
22m
44m
66m

◀ジオイド面の高さを１万倍にするとこうなる
出典：国際地球モデルセンター
ホームページ

■社会生活に欠かせないジオイド高

　地球が楕円体（だえんたい）であることはすでに説明したが、地球楕円体はあくまでも地球を仮想的に表したものであり、山や谷などを考慮せずにつくられている。

　そのため、地球を大きくとらえ、その形を決めるうえでは非常に重要な役割を果たすが、実際に生活していくうえでの細かな情報に欠けている。

　地球の表面には山もあれば谷もある。つまり高低差がある。この高低差の情報は、水道などのインフラ整備や、津波や洪水などから命を守るために欠かせないものであり、たとえば地図には標高として記載される。

　ただし標高は、地形の起伏だけでは決められない、平らに見える地表面でも、重力の分布が一様でなければ、水は重力の強いほうに流れることもある。

　そのため、正確な標高を知るためには、地形の起伏を測定するだけではなく、重力の影響も考慮する必要がある。そこで、標高を決めるにあたっては、平均海水面とジオイドが導入されている。

■平均海水面とジオイド

　平均海水面とは、一定の地域における高さの基準とするために定められる「平均的な海水面の高さ」である。

　海水面は、気圧変化、海水の密度の変化、海流などの影響を受けて複雑な上下運動をしているが、これを長年にわたり観測し、その平均から定めた海水面を平均海水面と呼ぶ。

　日本の平均海水面は一部の離島を除いて、基本的に東京湾の平均海水面（東京湾平均海水面）を基準としている（離島などの平均海水面は、それぞれ地点を定めて決められており、日本沿岸各地の平均海水面は－20〜＋40cmの範囲でずれがある）。

　この平均海水面を仮想的に陸地まで延長した面がジオイドである。

　日本では、国土地理院が重力測量や水準測量の結果などをもとに、地球楕円体の表面からジオイドまでの高さを決めている。これをジオイド高という。

　つまり、地球楕円体とジオイドのずれがジオイド高であり、下の図に示すように、衛星測位で決まる高さ（楕円体高）からジオイド高を引くことで、標高が決められている。

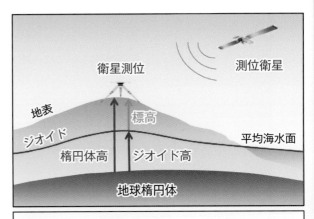

▲地球楕円体高、ジオイド高、標高の関係
出典：国土地理院ホームページ「ジオイドとは」

■ジオイドとは地球の平均海水面に最も近い重力の等ポテンシャル面である

　よく「ジオイドとは、地球の平均海水面に最も近い重力の等ポテンシャル面」とも説明される。

　重力ポテンシャルとは、ニュートン力学において、ある点における単位質量あたりの重力による位置エネルギーのことで、J/kgあるいはm^2/s^2という単位の物理量として表される。その重力ポテ

ンシャルが等しい面がジオイド面だというわけだ。

　日本の土地の高さは東京湾の平均海水面を基準として決められていることは前述したが、わかりやすくいえば、日本におけるジオイド面は、東京湾の平均海水面と同じ重力を受ける点を結んだ面だといえる。

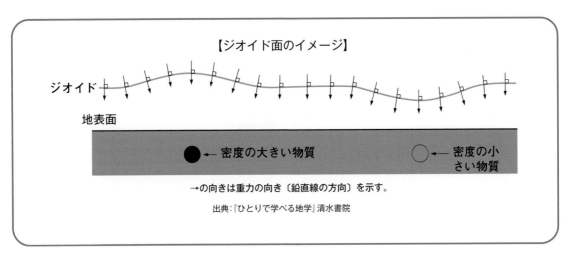

【ジオイド面のイメージ】

ジオイド

地表面

●←密度の大きい物質　　○←密度の小さい物質

→の向きは重力の向き〔鉛直線の方向〕を示す。

出典：『ひとりで学べる地学』清水書院

■ジオイドにも凹凸がある

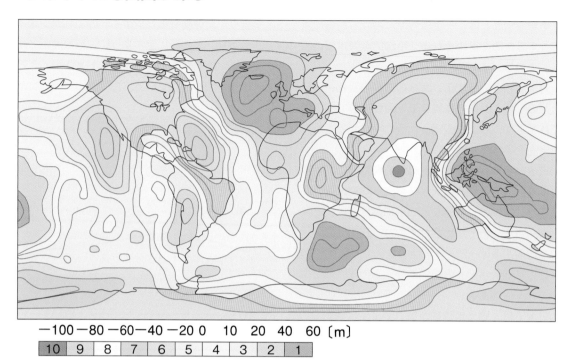

−100 −80 −60 −40 −20 0　10　20　40　60〔m〕

| 10 | 9 | 8 | 7 | 6 | 5 | 4 | 3 | 2 | 1 |

▲ジオイド面の凹凸
出典：『ひとりで学べる地学』清水書院

　ジオイドを延長したものが平均海水面だというと、波のない、穏やかでなめらかな曲線を思い浮かべてしまいがちだが、実はそのジオイド面にも凹凸がある。それは、地球の重力の大きさと向きが場所によって異なるからである。

　たとえば、地下に密度の大きい岩体があると、その質量による引力が加わるために重力が大きくなり、より多くの海水を引き寄せてジオイド面が盛り上がる。逆に密度の小さな物質があると、重力が小さくなり、ジオイド面は低くなる。つまり、ジオイドは、海面上における重力の大きさで決められるということになる。

　しかし、海水面が盛り上がったり、低くなったりという現象（重力変動）は世界各地で起こっている。そのため、ジオイド面はどうしても凹凸が出てきてしまうのだ。

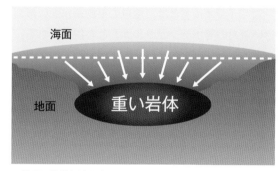

▲地下の物質とジオイドの凹凸
地下に重い岩体があると海水面が盛り上がる

▲ジオイドと標高の概念図

次に示す図は、地球を西経15度、東経165度を通る面で縦割りにしたときのジオイドの形状を誇張して表現したものだが、地球楕円体（だえんたい）に対して、かなり複雑な形をしていることがわかるだろう。

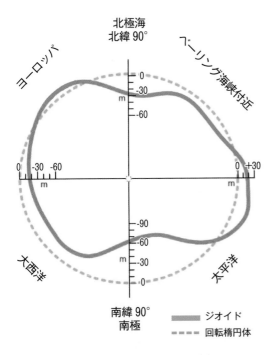

▲西経15度、東経165度を通る地球の南北断面のイメージ
出典：みちびき（準天頂衛星システム：QZSS）公式サイト
-内閣府（原典：Milan Burusa・Karel Pec（1998）,
Gravity Field and Dynamics of the Earth, Academia, P87

■ジオイドに似せて決められた地球楕円体

ここまでジオイドの概念について説明してきたが、ジオイド面の凹凸を地図にすると左ページ上図のようになる。

そして、このジオイド面に極めてよく似るように決められた回転楕円体を考えて、地球の形を代表する準拠楕円体とすることとなった。それを地球楕円体と呼んでいる。

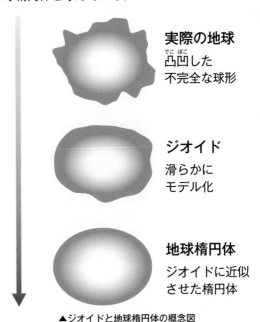

実際の地球
凸凹（でこぼこ）した
不完全な球形

ジオイド
滑らかに
モデル化

地球楕円体
ジオイドに近似
させた楕円体

▲ジオイドと地球楕円体の概念図

代表的な地球楕円体

これまでに登場した代表的な地球楕円体には、ベッセル楕円体、クラーク楕円体、ヘルマート楕円体、ヘイフォード楕円体、クラソフスキー楕円体などがあった。

このうち、ベッセル楕円形は、提案された当時、ヨーロッパや日本など、ほとんどの国において測地法として採用された。その後、アジアの一部がクラーク楕円体に転換。1940年代には北アメリカと南アメリカの国々がヘイフォード楕円体に転換、またロシアおよび東ヨーロッパ諸国がクラソフスキー楕円体を用いるようになった。

■ **主な地球楕円体**

名称〔年代〕	長半径（m）	扁平率（f）
ベッセル楕円体〔1841年〕	6,377,397	1/299.15
クラーク楕円体〔1880年〕	6,378,249	1/293.47
ヘルマート楕円体〔1906年〕	6,378,200	1/298.3
ヘイフォード楕円体〔1909年〕	6,378,388	1/296.96
クラソフスキー楕円体〔1940年〕	6,378,245	1/298.25

▲主な地球楕円体
参考資料：国土地理院ホームページ
（小数点3位以下は四捨五入）

■日本で採用されたベッセル楕円体

　日本が採用したベッセル楕円体は、1841年にドイツの天文学者フリードリヒ・ヴィルヘルム・ベッセル（生没年：1784～1846年）が導き出したものだった。

　彼は、イギリス、フランス、オランダ、ハノーバー、プロシア、ロシア、スウェーデンの7本の緯度帯に、南米ペルーのひとつの経度帯、インドの2つの経度帯の合計10の経度帯の子午線弧（地球楕円体に沿った子午線の弧）と38地点における測量や観測のデータをもとにしたという。

▲ドイツで発行されたベッセルの記念切手

　このベッセル楕円体は、特にユーラシア大陸のジオイド曲率とよく一致していたことから、多くの国に採用され、各国がそれぞれ独自の測地系（ローカル系測地系）をつくり上げていった。

　測地系とは、地球上の特定の位置を示すための基準となる経度や緯度、あるいは標高のことだ。地球の形は前述したように地球楕円体として表現されるが、地球楕円体そのものには位置を示す基準となるものがない。そのため、ある地点を示すには、なんらかの基準を設定する必要がある。わかりやすくいえば、住所をつけるようなものである。

　そのために、国またはいくつかの国からなる地域単位で、独自の測量機関が経緯度原点、高さの基準などを定義して、測量、地図作成、土地の管理、あるいは大規模土木工事などの基準とされていった。

　日本でも、このベッセル楕円体を採用することとなり、1892（明治25）年には、参謀本部陸地測量部が帝国大学付属東京天文台（現在の東京都港区麻布台2丁目18番1）で天文観測を行い、その結果をもとにして、日本経緯度原点が置かれた。

　日本経緯度原点とは、日本における地理学的経緯度を決めるための基準となる点のことである。

　設置当時の経度と緯度は、経度：東経139°44′30″0970、緯度：北緯 35°39′17″5148、原点方位角：156°27′30″156（千葉県君津市にある鹿野山に対して）だった。原点方位角とは、真北から右回りに見て、鹿野山の観測点までの角度のことだ。

　なお、この日本経緯度原点の経度・緯度・原点方位角については、2011年の東北地方太平洋沖地震の影響を受けて、経度：東経139°44′28″8869、緯度：北緯 35°39′29″1572、原点方位角：32°20′46″209（日本経緯度原点において真北を基準として右回りに測定した茨城県つくば市北郷1番地内つくば超長基線電波干渉計観測点金属標の十字の交点の方位角）に修正されている。

　こうして日本が独自に決めた測地系は日本測地系と呼ばれている。

▲日本経緯度原点
東京都港区麻布台の「ロシア大使館」東側の道を入り、突き当たり右側に設置されている。中央の金属標が原点の位置。

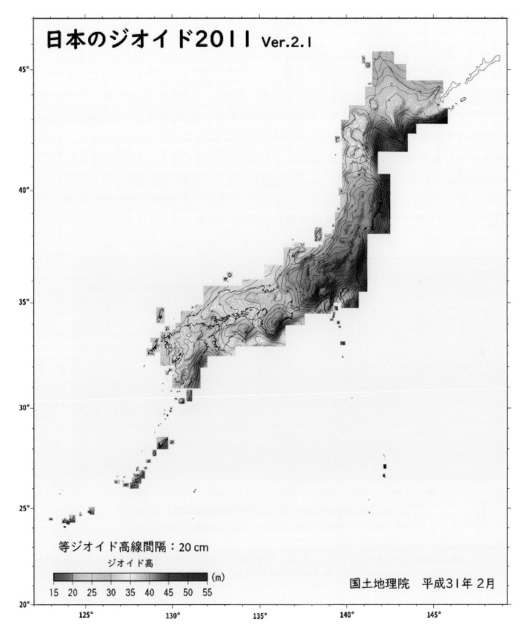

日本のジオイド2011 Ver.2.1

等ジオイド高線間隔：20 cm

ジオイド高

(m)

15　20　25　30　35　40　45　50　55

国土地理院　平成31年2月

©国土地理院

■日本のジオイド・モデルの歴史

　国土地理院では衛星測位を用いて標高を決定するための基盤として、1990年代からジオイド・モデルを作成し提供している。このジオイド・モデルをつくる方法は2つある。

　ひとつは、全国の重力データを観測して、その値を積分計算してモデルを作成するという方法だ。その際、人工衛星による重力測定、地上重力、海上重力など様々な測定方法による重力値を変換し、ジオイドの起伏を計算してモデルをつくっている。

こうしてつくられたモデルは重力ジオイド・モデルと呼ばれる。もうひとつは、衛星測位と水準測量を同じ場所で行い、その場所の楕円体高と標高の実測値からジオイド高を求める方法で、この一連の測量をジオイド測量という。

　そして国土地理院はこれまで、重力ジオイド・モデルにジオイド測量の結果を組み合わせたハイブリット・モデルを公表してきた。上図に示すのが最新の「ジオイド2011」である。

一定ではない地球の重力

　地球の標準重力は$9.80665m/s^2$と定義されている。しかし、実際に測定すると、測定場所の高さ、地形や地下の構造などの影響により、標準重力からずれてしまう。また、たとえば大陸では、雨季になると大量の雨がもたらされ、質量の蓄積に伴って重力場が強くなる。逆に、乾季になると土壌水分が失われるため、質量の流出に伴って重力場が弱くなる。このようにして起きる標準重力と実測値のずれを重力異常という。下の図は、アメリカ航空宇宙局（NASA※）とドイツ航空宇宙センター（DLR※）が共同で実施している人工衛星による地球重力場の観測ミッション「GRACE※」によってとらえられた地球の重力異常図である。

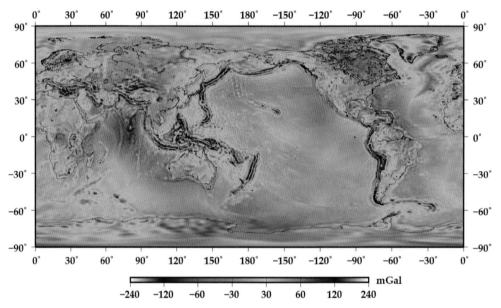

mGal

-240　　-120　　-60　　-30　　30　　60　　120　　240

▲人工衛星GRACEがとらえた地球の重力異常
　赤色は重力（質量）が毎年徐々に増加していることを示し、青色は重力（質量）が毎年徐々に減少していることを示している。
　出典：日本測地学会Webテキスト「測地学 新装丁版　GRACEがもたらしたもの」国土地理院　松尾功二

■重力の実測値とその緯度の正規重力の差＝重力異常

　地球楕円体上の緯度がわかれば、その地点の重力の大きさは理論的に計算できる。この計算によって求められた重力を正規重力といい、地球楕円体上での重力値としていることは前述した（34ページ参照）。

　しかし、実際にある地点の重力を測定した場合、その値は必ずしも理論値である正規重力値と一致するわけではない。それは、正規重力を求める際に、実測された地球の重力を平均化している（表面の細かな凹凸は無視し、内部の密度を均一としている）からであり、実際に測定する場合、その地点が地球楕円体上にない場合が多いし、斜面で

測定する場合も多いからだ。

　そのため、重力の実測値と正規重力値に差が生じるのは避けられない。この実際値と正規重力の差を重力異常という。

> 重力異常＝実測重力値－正規重力値

　実測重力をそのまま正規重力と比較しても意味がない。なんらかの方法で実測した重力値を地球楕円体上（海抜０ｍ）と比較できるようにする必要がある。そこで行われるのが、フリーエア補正（高度補正）、地形補正、ブーゲー補正である。

①フリーエア補正（高度補正）

測定点の標高が高くなると実測重力より補正された重力（ジオイド上の重力の大きさ）のほうが大きくなり、低くなると実測重力より補正された重力のほうが小さくなる。これは、地球の中心からの距離が変わるためだ。

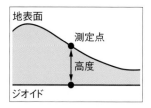

そこで、測定点の標高による重力への影響を取り除き、ジオイド上の大きさに補正する必要がある。その際、測定点とジオイドの間には空気のみが存在する（フリーエア）と仮定する。

こうしてフリーエア補正を施した後の重力異常をフリーエア異常という。

②地形補正

測定点の近くに山などが存在する場合、それらの質量による万有引力の影響で重力の大きさが変化する。

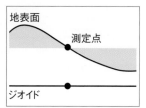

この影響を補正するために、地形による起伏が高いところを低く、起伏が低いところを高くすることでなだらかな平面をつくって重力値を補正する。一般にたいへん小さな値なので省略されることが多い。

③ブーゲー補正

重力は地下の物質の密度の違いによって大きさが変わる。

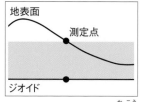

そこで、仮に測定点からジオイドまで一定密度の物質（大陸地殻の平均的な岩石である花崗岩＝密度2.67g/cm³）が分布しているとし、この物質の影響を取り除いて実測値をジオイド上の大きさに補正する。一般的に、ブーゲー補正はフリーエア補正をした値をさらに補正して行われている。

■ジオイドより下の物質が原因で起きるブーゲー異常

重力の実測値に、フリーエア補正、地形補正、ブーゲー補正を行っても、ふつう標準重力値と一致しない。この補正値と標準重力値との差を、発見者のフランスの数学者・天文学者だったピエール・ブーゲー（生没年：1698～1758年）の名にちなんでブーゲー異常という。

ジオイドより下方の地下に密度の大きな岩体などが存在する場所では、その岩体により生じる万有引力により、3つの補正をした値は標準重力より大きくなる。すなわち正のブーゲー異常が生じる。いっぽう、地下に密度の小さな岩体や空洞などが存在する場所では、補正後の値は標準重力より小さくなる。これを負のブーゲー異常という。

一般に大陸ではブーゲー異常は負になり、海では正になる。このことから、大陸の下の物質は密度が小さく、海の下の物質は密度が大きいことが予想されている。

実際、大陸の基盤を構成する花崗岩質の岩体は海底の基盤を構成する玄武岩の岩体より密度が小さい。こうした事実も、地殻がマントルに浮いているとするアイソスタシーの根拠とされている（20ページ参照）。

POINT

ブーゲー異常＝3つの補正をした値－標準重力値

前述したように、ジオイドより上に存在している大気と海水による重力値への影響は①フリーエア補正（高度補正）で、地形による影響は②地形補正で、そしてジオイドより上に存在している地殻の質量による影響は③ブーゲー補正で補正される。

しかし、それでも標準重力値と一致しない地点が出てくる。これは、ジオイドより下方の地殻内の物質の密度が不均一だから生じる異常である。

COLUMN 経年的な重力変化でわかる地形の変化

　10年ほどの地球の重力の変化で、今地球上でどんなことが起きているかを知ることもできる。下の図は、2003年から2013年にかけてGRACEの観測で確認された経年的な重力変化を表したものだ。
　氷床の消失や氷河の融解、あるいは地下の断層活動などが要因となって、様々な地点の重力が変化していることがわかる。

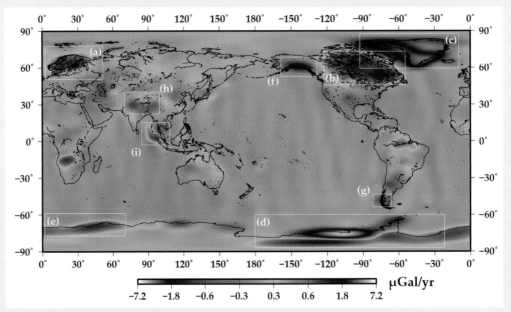

▲ GRACE によって観測された2003年から2013年の経年的な重力変化
出典：日本測地学会Webテキスト「測地学 新装丁版　GRACE がもたらしたもの」国土地理院　松尾功二

(a) スカンジナビア半島と(b) カナダ・ハドソン湾周辺域で見られる重力の増加は、氷河期に存在した氷床が1万年ほど前に消失したことで、後氷期回復(氷床の重さで変形していた地殻が時間をかけてゆっくりと回復すること)が起き、地下深くからマントル物質が湧昇しているため、正の重力変化として現れたもの。

(c) グリーンランドでの重力の減少は、温暖化に伴い、氷床が急速に消失していることを示している。

(d) 西南極では、氷床質量が変化するいっぽうで、後氷期回復も同時に進行していると考えられている。いっぽう(e) 東南極では積雪量の増加により、重力が増加している。

(f) アラスカと(g) チリ・パタゴニアで見られる重力の減少は、温暖化による山岳氷河の融解によるものである。

(h) チベット高原周辺域では、ヒマラヤ山脈をはじめとするアジア高山域では氷河の融解が起こり、チベット高原内部では氷河融解水の増加に伴う内陸湖の水位上昇、インド北部では灌漑による地下水の減少が起きている。

(i) インドネシアとマレーシアの重力変化は，2004年スマトラ沖地震にと伴うもので、地下の断層運動によって地殻とマントル境界(モホ面)の変形、体積のひずみに伴う岩石の密度変化などによって生じた重力異常である。

Chapter 3

地球を守る
地磁気の存在

方位磁石のＮ極が北を向くことからわかるように地球には磁場がある。
この磁場を地磁気（地球磁場）と呼んでいる。地球は地球が持つ地球磁
場によって守られている。もしも、地球に磁場が存在していなければ、
地球に生命は誕生しなかったかもしれない。

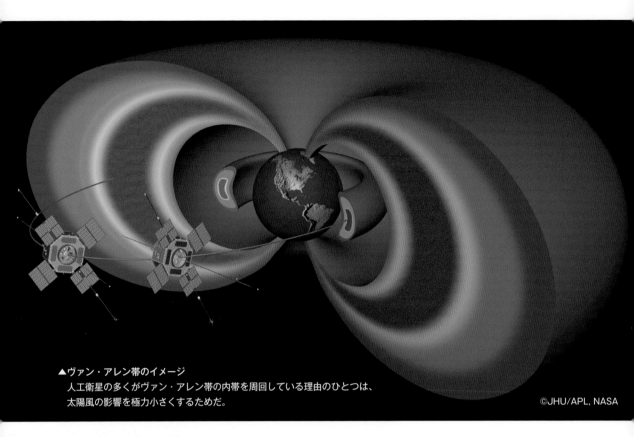

▲ヴァン・アレン帯のイメージ
　人工衛星の多くがヴァン・アレン帯の内帯を周回している理由のひとつは、
　太陽風の影響を極力小さくするためだ。

©JHU/APL, NASA

地球の磁場 とヴァン・アレン帯

　地球の磁場は、宇宙からやってくる陽子や電子（過電粒子）をとらえて放射線帯を形成している。ヴァン・アレン帯である。アメリカの物理学者ジェームズ・アルフレッド・ヴァン・アレン（生没年 1914 〜 2006 年）が、1958 年にアメリカが打ち上げた人工衛星エクスプローラー1 号に搭載していたガイガーカウンターによる観測で発見したものだ。

　ヴァン・アレン帯は、上図に示すように極軸付近は極めて薄く、赤道付近が最も厚く、図の人工衛星軌道の内側の赤い部分を内帯、外側の青い部分を外帯と呼ぶ。内帯は赤道上高度 2000 〜 5000km、外帯は赤道上高度 1 万〜 2 万 km に位置している。このうち内帯は陽子が多く、外帯は電子の多い二重構造となっており、地球をドーナツ状にとりまいている。

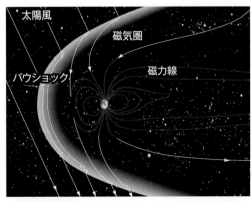

▲地球の磁気圏イメージ　©NASA/Goddard/Aaron Kaase

■ヴァン・アレン帯を中心に広がる磁気圏

　磁気圏は、このヴァン・アレン帯の外側まで広がっている。その広がりは、太陽の方向に対しては地球中心から地球半径の 6 〜 10 倍程度（高度約 6 万 km）まで広がっている。いっぽう、太陽と反対の方向には地球半径の 200 〜 1000 倍まで伸びているとされる。

　このように不均等な形をしているのは太陽風が地球に吹きつけていることによる。太陽プラズマ

の領域と惑星磁気圏を分けている境界を磁気圏境界面というが、ここでは太陽プラズマが惑星磁気圏に衝突して衝撃波を発生しており、磁気圏は衝撃波面によって圧縮された形態になっている。この衝撃波がつくる境界を、バウショックと呼ぶ。

■バウショックで地球は守られている

太陽風は太陽から吹き出す極めて高温で電離した粒子（プラズマ）を伴っている。その粒子は水素イオンが約95％、残りはヘリウムなどの様々なイオンや電子からなっているが、高エネルギーの粒子は生命体にとって有害なものも含まれる。しかし、それらの粒子のかなりの量が、平均約300〜450㎞/sの速さで地球の磁気圏境界面と衝突する際に生じるバウショックで加熱・減速され、地球の周りを迂回する。つまり、地球はヴァン・アレン帯のおかげで太陽風の直撃から守られているというわけだ。

ちなみに、太陽風としてやってきた陽子や電子の一部はヴァン・アレン帯が極めて薄くなる北極圏や南極圏付近では磁力線に導かれ、大気圏に進入する。その際、粒子と大気分子が相互作用して発光するのがオーロラである。

なお、地球以外にも、水星、木星、土星、天王星、海王星にも、同様に明確な磁気圏が存在している。

Photolibrary
▲カナダのイエローナイフで撮影されたオーロラ

COLUMN **実は太陽風も太陽系を守っている**

太陽風は生命にとって有害だと説明したが、実はその太陽風も地球を守っていることがわかってきた。太陽系外からやってくる太陽風より有害な宇宙線（アルファ線、ベータ線、中性子線、陽子線、ガンマ線、X線など）が太陽系に侵入するのを70％以上もカットしてくれているのだ。

2004年にはアメリカの宇宙探査機ボイジャー1号により、太陽から約140億㎞の距離で、太陽風の速度がそれまでの時速112万㎞から16万㎞以下に落ちることが確認された。そこは太陽から放出された太陽風が星間物質や銀河系の磁場と衝突して完全に混ざり合う境界面（ヘリオポーズ）であり、ここでは

太陽系外からやってくる宇宙線が太陽風と衝突することでバウショックが生じ、宇宙線の70％をカットしていることがわかった。また2018年には、ボイジャー2号が地球から180億㎞離れたヘリオポーズを通過した際、その温度が最高で3万1000℃に達することが判明した。バウショ

ックによるものだ。このような作用によって、強烈な宇宙線は30％程度しか太陽系に入らずにすんでいたのである。もし太陽風がなければ、太陽系は星間領域から降り注ぐ強力な宇宙線によって、生物が生きていけない空間になっていたかもしれないのである。

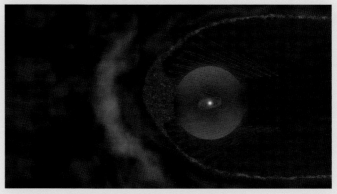
▲ヘリオポーズのイメージ　©NASA/Goddard Space Flight Center/CI Lab

地球にはたらく地磁気の力

　宇宙人が地球という惑星を調べたとき、地球がまるで磁石のように磁気を帯びていることに気づくだろう。これを地磁気（地球磁場）と呼んでいる。右の図は、アメリカ海洋大気庁（NOAA※）が発表している「世界磁気（偏角）モデル」である。青線は方位磁石が示す北（磁北）が地図上の北から西にずれていること（西偏）、赤線は東にずれていることを示している。

▶地球の磁気圏イメージ　©NOAA

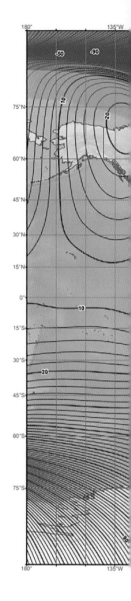

■そもそも地磁気とは何か

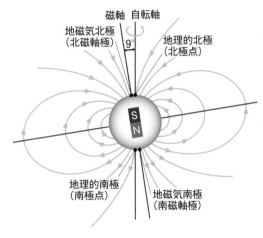

▲自転軸と磁軸の関係

　方位磁針のN極が北を指すことから推測できるように、地球は北極付近にS極を持つひとつの大きな磁石と見なせる。この地球が持つ磁気が地磁気であり、この地磁気がつくり出す磁場を地球磁場（地磁場）と呼んでいる。

　地球磁場は、地球内部に仮想的に置かれた1本の棒磁石（磁気双極子）がつくり出す磁場に非常によく似ている。渡り鳥や回遊性の海生動物の中には、この地磁気を感知する能力を有し、方位を知る手段として利用していると考えられるものがある。また、人類も古くから方位を知るために使ってきた。

■地磁気の要素

　地磁気は、次の表に示す要素からなる。特に真北と磁北のずれを表す偏角は、方位磁石と地図の向きを合わせるために利用され、私たちの生活に直結する重要な情報である。

		地磁気の大きさ	地球磁場の強さ
F	全磁力		
D	偏角	Fが水平面内で真北となす角度	一般的に時計回りを正とする
I	伏角	Fが水平面となす角度	水平面より下方を正とする
H	水平分力	水平面内での地磁気の大きさ	磁北方向を正とする
Z	鉛直分力	鉛直面内での地磁気の大きさ	鉛直下方を正とする
X	南北成分	南北方向軸上での地磁気の大きさ	真北を正とする
Y	東西成分	東西方向軸上での地磁気の大きさ	東を正とする

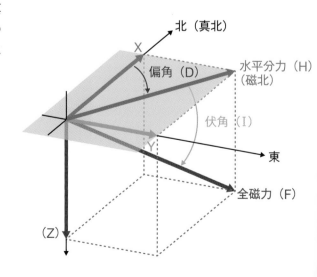

※NOAA：National Oceanic and Atmospheric Administration

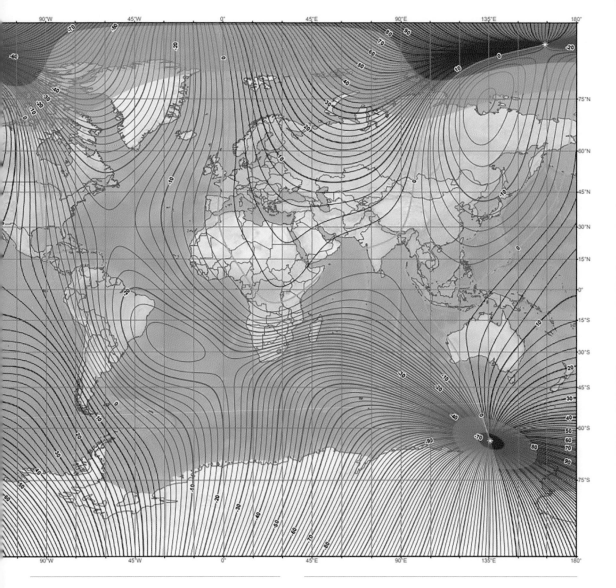

■地磁気の大きさ

　地磁気の大きさ（全磁力Ｆ）は、磁束密度（その場における磁界の強さと方向を表す密度）で表すが、Ｔという単位が使われる。

　たとえば、病院で使われているMRI装置（核磁気共鳴画像法装置）は磁束密度1.5Tレベルの磁気を発生させるが、これは小型の酸素ボンベを近づけるとトンネル（ガントリー）内に飛び込んでいくほどの強さだ。それに比べると地磁気の大きさはそれほどではなく、単位としてはnT（1nTは1Tの10億分の1）が使われる。

　地球全体で見ると、赤道付近で3万nT、極地方で6万nTのレベルであり、日本で見ると、沖縄本島が4万4000nT、北海道北端で5万1000nTほどだ。

■伏角と偏角は場所によって変わる

　地球磁場は前述したように様々な要素で表されるが、実際の分布は単純なものでない。

　右に示す伏角と偏角の分布のようにもっと複雑であり、時間が経つにつれて少しずつ変化している。

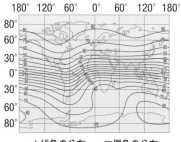

▲伏角の分布　　▼偏角の分布

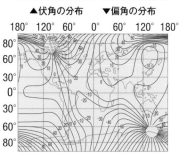

（－は北から西、記号なしは北から東）

出典：『ひとりで学べる地学』清水書院

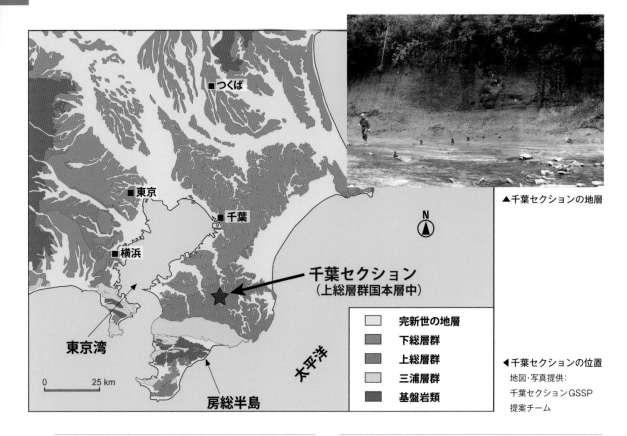

▲千葉セクションの地層

千葉セクション
（上総層群国本層中）

	完新世の地層
	下総層群
	上総層群
	三浦層群
	基盤岩類

東京湾

東京

千葉

横浜

つくば

太平洋

房総半島

0　　25 km

◀千葉セクションの位置
地図・写真提供：
千葉セクションGSSP
提案チーム

■地図の北と地磁気の北は違っている

地理的な北と南は、地球が自転する際の軸（自転軸）によって決められている。

地球は自転軸を中心にして約24時間かけて1回転しているが、その自転軸の一番北が北極点、一番南が南極点である。いっぽう、地球磁場にも北磁極と南磁極という極があり、その両点を結んだ線を磁軸という。

ただし、地球の磁場は正確に南北対称になっていない。そのために、北磁極と南磁極を直線でつないでも、その直線は地球の中心を通らない。そして自転軸と磁軸は、約9°ずれている。
さらにいえば、北磁極と南磁極は厳密に決められているわけではない。

方位磁石が示す北（磁北）は地図の北とはずれており、しかもそのずれ（偏角）は場所や時間によって変わっている。

これは、地磁気の極が北極や南極とは異なる位置にあることに加え、外核の対流運動や地殻の影響も受けるなど、様々な影響を受けているためである。

■変化する地磁気

地球磁場は時間によっても少しずつ変化している。これは地球の公転や太陽活動の影響が原因だと考えられているが、正午をピークに、夜間は落ち着くというサイクルを1日周期で繰り返している（日変化）。また、たとえば太陽でフレア現象（太陽における爆発現象）が起きた場合には地磁気が急激かつ不規則に変動することもある。

さらに時間軸を長く取ると、地球磁場のパターンは1年間に約0.2°ずつ、西回りに移動している（西方移動）。その移動距離は、20世紀の100年間で1000km以上におよぶ。

また、地球の全重力は毎年約0.05％ずつ減少している。こうした変化を永年変化という。この永年変化の結果として引き起こされるのが、地球磁場の逆転現象だ。

地球磁場は、岩石や堆積物の残留磁気を調べることで、過去2億年の間に、100万年に数回の割合で逆転したことがわかっている。

紀	世	期	年代
	完新世		1.17万年前～現代
第四紀	更新世	上部／後期	12.9万～1.17万年前
		チバニアン	77.4万～12.9万年前
		カラブリアン	180万～77.4万年前
		ジェラシアン	258万～180万年前

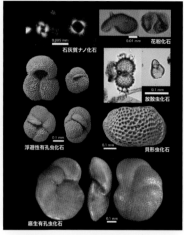

▲地球磁場逆転の年表
黒は現在と同じ磁場の向き、
白は現在と逆の磁場の向きを示す。

（※地質時代スケール 左側）
現在
1
2
3
4
5
6
7
8
9
10
11
12
13
14
15
16
（千万年前）

第四紀
鮮新世
中新世
漸新世
始新世
暁新世

新第三紀
古第三紀

白亜紀
後期
前期

ジュラ紀
後期

▲千葉セクションで発見された微化石
写真提供：千葉セクションGSSP提案チーム

（微化石ラベル）
石灰質ナノ化石
花粉化石
放散虫化石
浮遊性有孔虫化石
貝形虫化石
底生有孔虫化石

■最後の地磁気逆転時代「チバニアン」

　国際地質科学連合（IUGS※）は2020年1月に、千葉県市原市田淵の養老川沿いの露頭で見られる地層（上総層群国本層中の千葉セクション）が、約77万年前に起きた地球史上最後の地球磁場逆転が起きたことを示す地層であることから、各地質時代を区分する基準となるGSSP※（国際標準模式層断面および地点）のひとつに認定、77万年前から12万6000年前にかけての時代をチバニアン（Chibanian）と命名することを決定した。

　千葉セクションの地層を調べると、地層上部では現在と同じ磁気の向きに帯磁（たいじ）していたのに対し、地層下部では逆になっていたことが判明していた。なお、同じような地層はイタリア南部のモンタルバーノ・イオニコや、やはりイタリア南部のヴァレ・デ・マンケでも発見されている。

■今も謎に包まれる地磁気のメカニズム

　地磁気を生み出しているメカニズムについては、まだ不明な点が多いが、最も有力だと考えられているのが、ダイナモ理論である。

　地球は、地殻、マントル、外核、内核からなっているが、そのうち外核は液状の鉄・ニッケルだとされている。この外核では流体運動（対流）が起きており、電気を帯びた物質の流れが生じ、そのため大規模な磁場が生成・維持されているとされている。また、そこで生み出された電流の小さな変化が磁場逆転のきっかけになるとも考えられている。

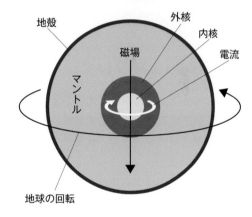

地殻　外核　内核　電流　磁場　マントル　地球の回転

▲地磁気と地球のダイナモ作用

COLUMN　「地磁場逆転説」を世界で初めて提唱したのは日本人学者だった！

　1929年、京都帝国大学（現在の京都大学）の理工科大学地質学鉱物学科教授だった球物理学者・松山基範（まつやまもとのり）（生没年：1884～1958年）は、兵庫県の玄武洞の玄武岩の残留磁気を測定して、その地磁気方向が現在の地磁気方向と逆であることを発見。その後、日本各地や朝鮮半島などの玄武岩を調べたうえで、約77万年前に地磁気逆転が起きたとする「地磁場反転説」を発表した。当時の学界はその説を無視したが、その後、無定位磁力計（つるした磁石の動きを鏡で拡大する地磁気変化計）が開発され、古地磁気学が発展した結果、彼の説は広く認められ、その業績を称（たた）えて、約100万～250万年前の逆磁極を主とする時期が松山逆磁極期と命名されている。

※IUGS: International Union of Geological Sciences
※GSSP：Global Boundary Stratotype Section and Point

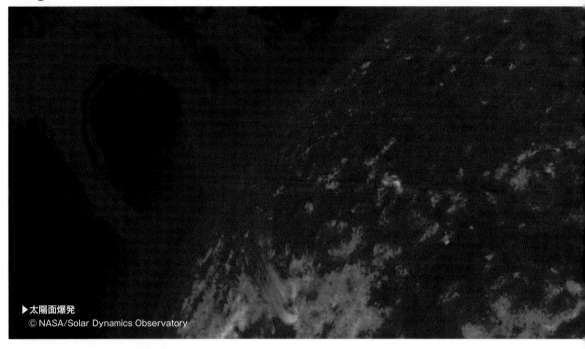

▶太陽面爆発
© NASA/Solar Dynamics Observatory

地球に大きな影響を与える太陽面爆発と磁気嵐

太陽から地球に届くエルネギーは、地球上に住むあらゆる生物に大きな影響を与えている。
太陽光により、地球の地表や大気は温められ、私たちの生命の源となっている。
しかし、そのいっぽうで、太陽からは生命にとって有害な放射線も飛んできている。

■太陽面爆発（太陽フレア）

太陽系の中心をなす太陽は、太陽系全体の質量の約99.8％を占める大きな存在であり、中心部では水素が核融合反応を起こし、大量のエネルギーが放出されている。

この太陽の活動の中でも地球への影響が大きいのが太陽面爆発（太陽フレア）である。

小規模な爆発は１日３回ほど起きており、その大きさは、１万〜10万kmにもおよぶ。太陽の表面からは様々な電磁波や高エネルギー粒子を放出しているが、太陽面爆発が起こると、放出量が一時的に極めて大きくなる。いわゆる高速太陽風だ。

この太陽面爆発には、いくつかの活動周期があるといわれ、たとえば太陽は11年ごとに活動の極大期と極小期を繰り返している。極大期には太陽面爆発の規模も大きくなり、強い太陽風が地球まで届き、それが地球の磁気圏に衝突することで、強い電気エネルギーが生じて、人工衛星の電子機器に不具合が生じたり、通信障害、さらには地表

の電力施設などが被害を受けて停電したりすることもある。

この太陽風によって発生するのが磁気嵐だ。地磁気の単位はnTを用いるが、日本付近の平均的な地磁気の水平分力の大きさは約３万nTで、静穏時の日変化の振幅は50nT程度だが、磁気嵐のときには50〜数百nTに達する地磁気変化（較差）が観測されることもある。

この磁気嵐に伴って地球に環状電流が流れ、地球を取り巻いている磁場は激しく変化し、たとえば送電線に誘導電流が生じて、送電システムがダウンしてしまうこともある。また、電離圏が乱れると、人工衛星からの電波到来時間から位置情報を得る測位機能に誤差が大きく出ることがあり、私たちの生活に欠かせなくなっているGPS※機能が使えなくなることもある。

nT ▶電線に１Aの電流を流したとき、電線から1m離れたところにできる磁場はおよそ100nTである。

■過去にあった太陽面爆発の例

　これまでにも太陽面爆発による大きな障害はたびたび発生している。1989年３月13日に発生したカナダのケベック州の大停電は特に有名だ。その数日前の３月６日に太陽表面に巨大フレアが発生。３月13日の午前２時44分、地球は極域での活発なオーロラ活動に続き、深刻な磁気嵐に襲われた。このときのオーロラは、テキサス州やフロリダ州などの南方でも観測されたほどで、オーロラの発生は電波障害を引き起こし、ラジオ放送も聞けなくなった。

　特に深刻だったのは人工衛星だった。極軌道上の衛星の電子部品が異常を起こし、長時間にわたって衛星のコントロールが失われた。また、スペースシャトル・ディスカバリー号のセンサーも正常に機能しなくなった。

　こうした様々なトラブルは磁気嵐の活動が低下するにつれて終息したが、NASAとESA※（欧州宇宙機関）は1995年にSOHO※（太陽・太陽圏観測機）を打ち上げ、それ以来、磁気嵐と太陽面爆発の観測を続けている。

太陽フレアに伴う磁気嵐が発生

↓

地磁気の変動により
地磁気誘導電流が発生

↓

変圧器鉄心が飽和し
高調波が発生

↓

調相設備※の保護装置が動作して
調相設備停止

※変電所や長距離送電線中間に設置した無効電力設備

↓

長距離送電系統における
安定的な送電ができなくなり送電停止

↓

停電時間は９時間、600万人に影響を与え、
全面復興に数か月を要した

▲ケベック州大停電のプロセス

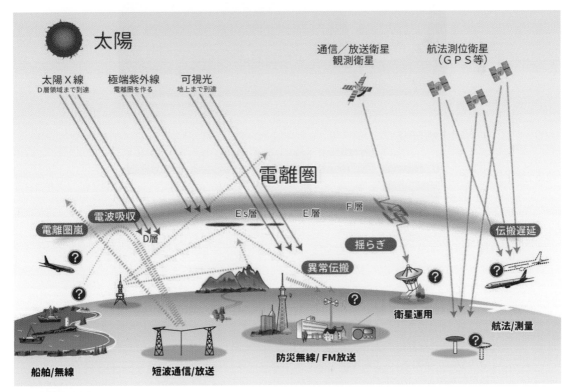

▲電波伝播と電離圏効果
出典：国立研究開発法人 情報通信研究機構「宇宙天気予報」ホームページ

COLUMN **宇宙天気予報**

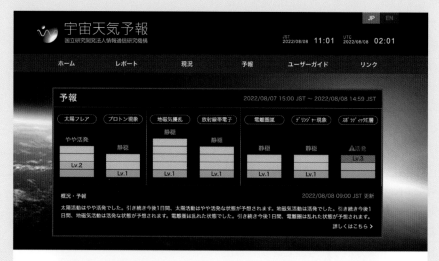

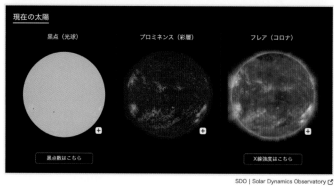

▲宇宙天気予報の画面

【宇宙天気予報のURL】
https://swc.nict.go.jp/

　現在では宇宙天気予報も出されるようになっている。日本では国立研究開発法人情報通信研究機構が、1949年に宇宙環境に関わる予報および警報の配信を開始。1988年から、太陽現象、磁気圏現象、電離圏現象について宇宙天気の予報業務を開始しており、特に大きな変動が予想される場合は臨時情報も発令される。

　こうした情報は、人工衛星や宇宙ステーションなどの運用ばかりでなく、航空機の運用にも欠かせないものとなっている。

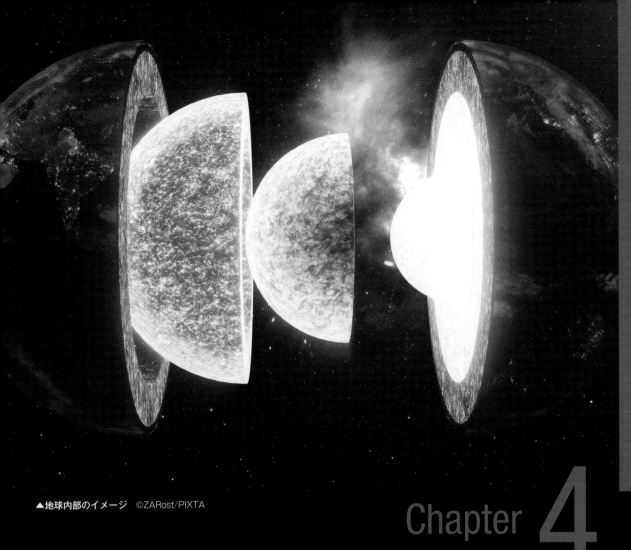

▲地球内部のイメージ ©ZARost/PIXTA

Chapter 4

地球の構造

日本列島はもちろんのこと、地球の表面では様々な岩石や地層、地形を見ることができる。岩石や地層は、私たちが直接見ることができる地表に姿を表しているが、形成された過程や分布の仕方は、地球内部の構造や変動に強く依存している。それだけに、地球の姿をより理解するには、その内部構造を知っておくことが必須といえる。

地球内部の構造

　地球は、深さ平均約 30kmの地殻、深さ 2900kmまでのマントル、中心の深さ 6400kmまでの核の３つの領域からできている。さらにマントルは深さ 660km付近に存在する地震学的不連続面によって、上部マントルと下部マントルからできていることがわかった。こうした地球の内部構造は、地震波の伝わり方などを研究することでわかってきたことだ。まずは地球の構造を大づかみに理解しておこう。

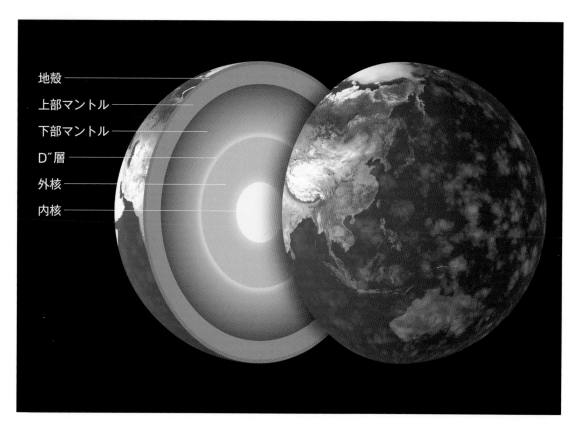

地殻
上部マントル
下部マントル
D″層
外核
内核

■地球内部は層になっている

　地球内部の構造は、大きく分けると地殻、上部マントル、下部マントル、外核、そして内核で構成されている。また、上部マントル深部の地震波速度が急速に増加する領域を（深さ400～670km）マントル遷移層という。

　また、地震波の伝わり方の研究から、海洋底では上部マントルに地震波速度の遅い低速度層があることがわかった。

　この低速度層より上の地震波速度が速い領域はリソスフェア（lithosphereのlithosはギリシャ語のλίθοςが語源で石のこと）、それに対して低

速度層ではマントルが流動しやすくなっていることから、アセノスフェア（asthenosphere のasthenosはギリシャ語のΑσθήνοςが語源で抵抗なしの意味）と名づけられている。

　さらに、アセノスフェアの下には、再び流動しにくい層があると考えられ、メソスフェア（mesosphereのmesosはギリシャ語のμέσοςが語源で中程度という意味）と名づけられている。

　ただし、大陸下では低速度層は不明瞭であり、リソスフェアが上部マントル深部まで達しているとされ、大陸下の上部マントル全体をテクストフェアと呼ぶことがある。

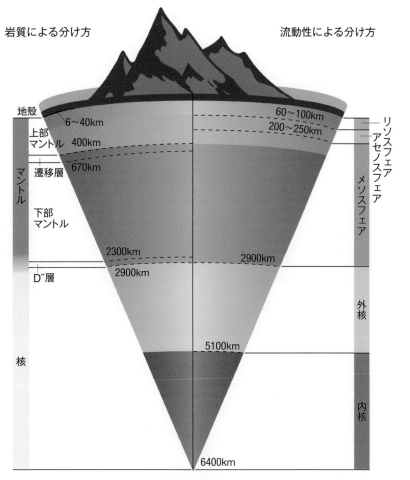

岩質による分け方

地殻　6〜40km

上部マントル　400km

遷移層　670km

下部マントル

2300km

D″層　2900km

核

5100km

6400km

マントル

流動性による分け方

60〜100km

200〜250km

2900km

5100km

6400km

リソスフェア
アセノスフェア

メソスフェア

外核

内核

▲地球の内部構造

地殻	大陸地殻と海洋地殻がある。大陸地殻のほうが厚い。
上部マントル	主としてかんらん岩からなる。
遷移層	マントルを構成する鉱物の結晶構造が高温・高圧により、相転移してスビネルなどの比重の大きな鉱物に変わっている領域。
下部マントル	さらに高温・高圧下で相転移が起こり、ペロブスカイトを多く含む岩石になっている。
D″層 ディーダブルプライム	マントルと核の間の層。ペロブスカイトが相転位してポストペロブスカイトという鉱物となっている。
核	主として鉄と若干のニッケルで構成されている。

リソスフェア	地殻とマントル最上部の硬い岩盤を合わせた部分。厚さは60〜100kmほどで硬くて変形しにくい。
アセノスフェア	物質が部分溶融し、流動性を有している。深度約200〜250kmの間にある。かんらん石でできている。
メソスフェア	マントル下部の層。深度約250〜2900kmにある。化学組成はアセノスフェアと同じだが、高温・高圧で変形しにくい。
外核	マントルの内側にあり、深度はおよそ2900〜5100km。鉄とニッケルで構成されているが、粘度の低い流体状になっている。
内核	地球の中心部。深度およそ5100〜6400kmに位置し、半径は約1200km。鉄やニッケルなどからなる固体であると考えられている。

AdobeStock ©SergeyNivens

■なぜ地震波で地球内部がわかるのか

　地球内部の構造は直接観察できないため、多く
の謎に包まれていた。だが1800年代後半にはキャ
ヴェンディッシュにより、地球の密度が示され（31
ページ参照）、内部に比重の大きい金属の核があ
ることが示唆されていた。

　それを裏づけたのが地震波である。地球内部を
伝わる地震波の速度が深さとともにどのように変
わるかを研究することで、地球の成層構造が明ら
かにされてきた。

　そもそも地球内部の成層構造のうち、上部マン
トルを構成する物質については、火山の噴火など
によりもたらされるマントル由来の岩石を調べる
ことによって、かんらん石を主とした岩石である
ことがわかった。しかし、上部マントルの下部や
下部マントルの物質は地表で手に入れることが困
難で、どのような岩石からできているか、最近に
なるまでよくわかっていなかった。

　このようなマントル深部の物質を探る手がかり
が地震波だった。特に巨大地震の際に観測される
地震波の速度（P波速度とS波速度）を調べるこ
とで、かなりの精度で地球の内部構造がわかって
きているのだ。

　たとえば、かんらん石などの鉱物は、マントル

中の高い圧力と温度のもとで、様々な結晶構造を
持つ高圧型鉱物へと変化する。これを構造相転移
というが、これらの鉱物やその高圧型鉱物の地震
波速度を実験室で測定し、得られた実験データを
マントル中の地震波速度と比較することで、マン
トル深部に存在する物質を推定することが可能に
なった。

　ここでは、まず地震波について基本的なことを
学んでいくことにしよう。

■知っておきたい地震波の種類

　地震波は、大きく表面波と実体波に分けられる。
表面波とは、文字どおり地球の表面を伝わる地震
波のことで、固体と気体（または液体）の境界の
みを伝わるため、境界波とも呼ばれる。

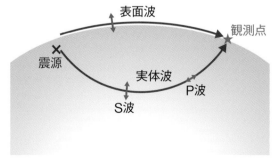

▲表面波と実体波

●表面波

　表面波には、地表が楕円<ruby>だ<rt>だ</rt></ruby><ruby>えん<rt>えん</rt></ruby>を描くように振動するレイリー波と、水平面で進行方向に垂直に振動するラブ波がある。いずれも周期が長く、振動幅も大きく、巨大地震の際に発生し、地球を何周もする。

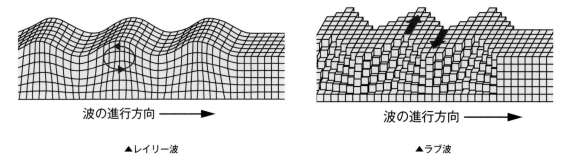

波の進行方向 ━━▶

▲レイリー波　　　　　　　　　　　▲ラブ波

出典：『ひとりで学べる地学』清水書院

●実体波

　表面波が地球の表面を伝わるのに対して、実体波とは地球内部を伝わっていくが、実体波には、Ｐ波（Primary wave）とＳ波（Secondary wave）の２種類がある。

　Ｐ波のＰはPrimaryの略で「初期の、最初の」という意味、Ｓ波のＳはSecondaryの略で「２番目の」という意味で、地震が発生したときに最初にやってくるのがＰ波で、それに続けてＳ波がやってくる。

　この２つの地震波の違いは、Ｐ波が伝わる方向に振動する縦波で、固体・液体・気体中を伝わるが、Ｓ波は伝わる方向に、直交する方向に振動する横波で、固体中しか伝わらないことにある。

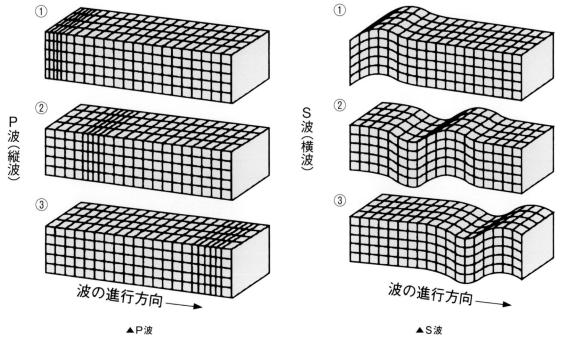

波の進行方向 ━▶　　　　　　波の進行方向 ━▶

▲Ｐ波　　　　　　　　　　　▲Ｓ波

出典：『ひとりで学べる地学』清水書院

▲地震計のイメージ　AdobeStock・©vchalup

■地震計で見る波の違い

　下図は地震計で観測した地震波の記録の例である。

　地震発生後、まずP波が地表に設置されている地震計に到達して初期微動として記録される。このP波到達から揺れの大きなS波到達までの時間を初期微動継続時間（P－S時間）といい、震源からの距離に比例する。すなわち、震源から遠いほど初期微動継続時間は長くなる。

　続いてS波も到達して、主要動として記録される。さらには地表のみを伝わる周期の長い表面波が最後に到達し、主要動より大きな揺れをもたらす。

　また、複数の観測地点で地震波を記録し、それらを縦軸が走時（地震波が観測地点に到達するまでに要した時間）、横軸が震央距離（震源の真上の地表面から観測地点までの距離）をグラフ上に表すと次の図のようになる。

　このように各観測地点のP波、もしくはS波の初動の到着時をつないだ線を走時曲線という。

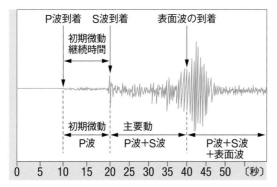

▲地震波の記録例
出典：『ひとりで学べる地学』清水書院

（走時曲線の図：縦軸「走時〔分〕」1〜5、横軸「震央距離〔km〕」0〜700、「P波＋S波（主要動）」「P波のみ（初期微動）」）

▲走時曲線
出典：『ひとりで学べる地学』清水書院

POINT　**P波は縦波でS波よりも速く、液体中も伝わる**

　P波は地球内部の岩石やマントルが地震によって伸びたり縮んだりすることで起きる縦波の振動であり、媒質の疎密さが伝わる波といえる。たとえば、音も縦波だが、波の振動方向は波の進行方向と平行である。

　いっぽうS波は地球内部の岩石やマントルが地震によって変形（ねじれ）が生じることにより起きる横波である。縄跳びの縄の一端を固定しても、もう一端を上下あるいは左右に振った際にできる波が横波の一種だが、S波の振動方向は波の進行方向と垂直であり、固体の中のみを伝わる。

■初期微動継続時間で震源までの距離がわかる

震源から遠い地点ほど初期微動継続時間が長いことから、初期微動継続時間を観測することで震源までの距離を求めることができる。

震源までの距離を求める式は大森公式と呼ばれている。

【大森公式】

$$d = kt$$

d：震源までの距離　　t：初期微動継続時間（秒）

k：比例定数

$$k = \frac{V_P \ V_S}{V_P\text{-}V_S}$$

なお、kはP波速度（V_p）とS波速度（V_s）で決まる。式は次のとおりだが、日本付近でのk（比例定数）はおよそ7.5とされる。

たとえば、初期微動継続時間が10秒のとき、k＝7.5km/s なら、震源までの距離は75kmということになる。

COLUMN　日本で発明された実用的な地震計

世界初の地震計は、中国の後漢時代に張衡(ちょうこう)(生没年：78〜139年)がつくった地動儀(ちどうぎ)だとされている。龍(りゅう)を象った口に球体が不安定に置かれており、一定の大きさの揺れがあると下にある蛙(かえる)を象った口に落ちるというものだったという。

その後長い歴史を経て、日本で現在のような実用的な地震計が発明されたのは、明治の始め頃のことだった。

東京大学理学部に教師として招かれていたイギリスの物理学者のジェームズ・アルフレッド・ユーイング(生没年：1855〜1935)とジョン・ミルン(生没年：1850〜1913年)が、1880年に水平振り子を用いた円盤記録式地震計を製作。1893年のシカゴ万国博覧会に出品され、その性能が高い評価を得た。さらにその後、ジョン・ミルンに学び、1894年に大森公式を発表した大森房吉(おおもりふさきち)(生没年：1868〜1923年)が1898年頃に大森式地震計を製作した。この大森式地震計は、記録紙を円筒形に巻いたドラムをゼンマイでゆっくりと動かすことで常時記録することが可能であるばかりか、P波、S波、ラブ波(表面波の一種)の違いをはっきりと区別できる優(すぐ)れものだった。

▲大森式地震計
出典：国立天文台 水沢VlBI観測所木村榮記念館ホームページ

■地震波によるシャドーゾーンの発見

そもそも、地震波の中にもＰ波とＳ波の違いがあることを明確に識別したのは、イギリスの地質学者リチャード・オールダム（生没年：1858～1936年）だった。1906年には、記録されていた多くの地震の到達時間を分析して、地球の中心には地球半径の0.4倍以下の大きさの核（かく）があるという説を打ち出していた。

さらに彼は、1910年頃には地球表面に置かれた地震計が大きな地震が起こっても地震波が観測されない領域が存在することを指摘した。

その後、走時曲線と震央（しんおう）（震源の真上にあたる地表の点）までの距離の関係を調べているうちに、Ｓ波が届かない場所や、Ｐ波もＳ波も届かない場所があることが明らかとなったのだ。

このＳ波もＰ波も観測されない地域は、シャドーゾーン（Shadow zone）と呼ばれるようになった。

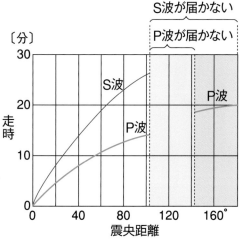

▲走時曲線が観測されない地域がある
出典：『ひとりで学べる地学』清水書院

■シャドーゾーンが証明した核の存在

このシャドーゾーンの発見が、地球内部に核が存在することを明確に証明することとなった。次の図に示すように、震央角距離103°以遠ではＳ波が観測されず、震央角距離103°～143°ではＰ波も観測されない。この震央角距離103°～143°がシャドーゾーンだ。

震央角距離▶地球の中心から、震央と観測点を見込む角度。下図のように、震央と観測点をそれぞれ地球の中心と直線で結び、この２直線のなす角度が震央角距離。

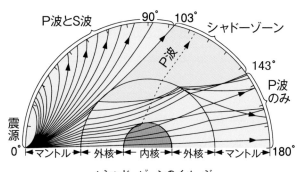

▲シャドーゾーンのイメージ
出典：『ひとりで学べる地学』清水書院

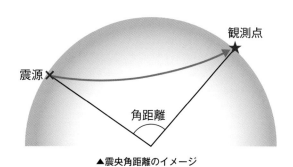

▲震央角距離のイメージ

■なぜシャドーゾーンができるのか

オールダムは、このようなシャドーゾーンができるのは、地下深くに起きた地震の地震波が性質の異なる層を通過してくるからだと考えた。

たとえば光が空気中から水中に入るとき、反射したり屈折したりすることはよく知られている。これは、光は通過するモノの密度が高くなるほど遅くなるという性質があるからだ。当然のことだが、空気より水のほうが高密度である。そのため、光のスピードは密度の低い空気中に比べ、密度の高い水の中では遅くなり、屈折するのだ。

それと同じように、地震波も性質の異なる層を通過するときに、そのスピードが変化して、反射したり屈折したりしている。

ただし、光と地震波では伝わり方が違っている。光と地震波は波として伝わる点では同じだが、光は密度が低いほど伝達スピードが速くなるのに対

し、地震波のほうは逆に密度が高いほど伝達スピードが速くなる。これは、光は電磁波であり、地震波は弾性波だという違いがあるからだ。

弾性波▶弾性体を伝播する波を弾性波という。大地（地盤）は弾性体としての性質を持っており、地震波は弾性波に属する。つまり、地震とは大地（地盤）の弾性変形が空間的に伝播する現象であるといえる。

また前述したように、P波が伝わる方向に振動する縦波で固体・液体・気体中を伝わるが、S波は伝わる方向に直交して振動する横波で固体中しか伝わらない。こうした前提で、シャドーゾーンを考えると、次のように説明できる。震央角距離103°までの地域では、地震波は地殻・マントルを通って伝わるが、103°以遠では核も通ることになる。　こうして、地震波が地表に届かないシャドーゾーンが生じているというわけである。

そしてその後も、次々と新しい発見が続き、地球の内部に核が存在することは間違いないことが証明されていった。

【P波とS波の観測で明らかとなった内核の存在】

> 地震が発生すると地震波は
> 震源から放射線状に放射される。

↓

> 震央角距離103°までの地域では、
> 地震波は地殻・マントルを通って伝わるが、
> 103°以遠では核も通ることになる。

↓

> P波は外核に入るときに屈折し、
> 143°以遠にしか現れない。
> いっぽう、S波は外核を透過できず、
> 103°以遠では観測されない。

↓

> 横波であるS波が伝わらないことから、
> 外核は液体であると考えられる。
> また、P波の伝わり方から、
> 外核の下に固体である内核があると考えられる。

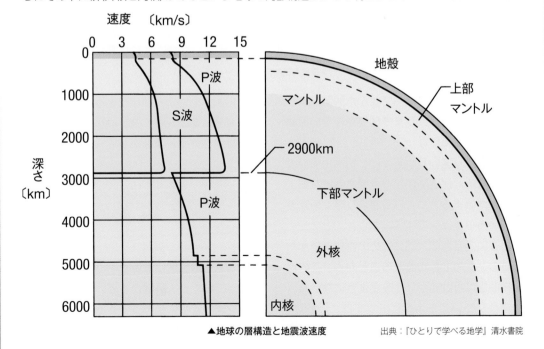

POINT　**地震波により、地球の内部構造が推定された**

このように地震波を解析することにより、表層には地殻と呼ばれる層があり、その下にマントル、さらにその下に核（外核と内核）があるという地球の内部構造がかなり明らかとなっていったのである。

▲地球の層構造と地震波速度　　　　出典：『ひとりで学べる地学』清水書院

■モホロビチッチが発見した走時曲線の折れ曲がり

オールダムが核の存在を提唱した3年後の1909年には、オーストリア＝ハンガリー帝国（現在のクロアチア）生まれの地震学者アンドリア・モホロビチッチ（生没年：1857～1936年）が奇妙な現象に気づいた。

当時は、地震発生後に震源から観測点に地震波が届くまでの時間（走時）は、震源からの距離に比例すると思われていた。

ところがモホロビチッチが実際に観測したところ、震源地が遠い場合に、予想される揺れ始めの時刻より、実際の揺れ始めの時刻のほうが早くなるという現状が起きていたのである。

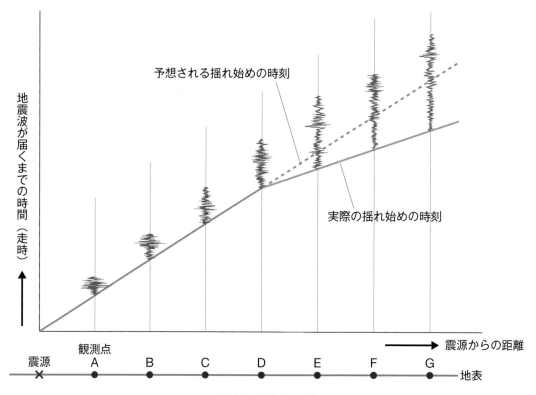

▲震央角距離のイメージ

上の図で、震源から等間隔で並んだ観測点A～Gで地震を観測すると、Dまでは震源までの距離と、走時が比例関係になっている。

だが、それより遠いE以降では、比例関係が成り立たなくなる。比例関係から予想される時刻より早く揺れが始まる、つまり予想より早く地震波が届いているのだ。

このように走時曲線（揺れ始めの時刻を結んだ線）はDのところで折れ曲がることから、この現象を走時曲線の折れ曲がりと呼ぶようになった。

この現象についてモホロビチッチは、「地球内部は均質ではないし、深さとともに連続的に密度が増しているわけでもない。ある深さで不連続的に変化する不連続面が存在するためだ」と考え、実体波（P波とS波）の伝わり方について直接波と屈折波という言葉を使って、次のように説明をした。

不連続面▶何らかの変数や条件が不連続的に変化する面のこと。地球内部物理学では、地震波の速度が不連続的に変化する面を指す。

そもそも地震波は震源を中心にして同心円状に伝わっていくが、震源から近いうちは、震源から地表をまっすぐに伝わってくる直接波のほうが早く観測点に到達する。

それに対し、震源から下のほうに伝わった地震波は、ある深さに存在する不連続面に達すると、その速度は直接波より速い屈折波となる。

速度の速い層の上面を伝わってきた屈折波は、そのスピードを維持したまま、再び同心円状に伝わり、一部は地表面に向かう。そのため、屈折波は遠回りしたにもかかわらず、震央からある程度離れた観測点においては、直接波よりも早く観測される。

この現象をグラフとイラストで示すと下図のようになる。

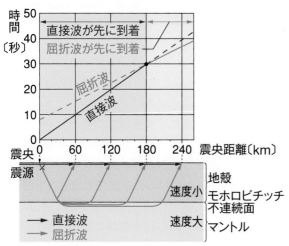

▲直接波と屈折波の伝わり方
出典：『ひとりで学べる地学』清水書院

上のグラフにおいて赤色と青色の実線で示しているのが、観測点における地震波の到達時間だ。この例では震源から180kmの地点で地震波が折れ曲がっている。これを走時曲線の折れ曲がりといい、この時点以降、屈折波が直接波を追い越したことを意味している。

ちなみに、このモホロビチッチによって発見された不連続面は、彼の名を取ってモホロビチッチ不連続面（モホ面ともいう）と呼ばれるようになった。そしてその後、同じような不連続面が各地で確認され、この面より上の層を地殻と定義することが一般的になった。

■グーテンベルク不連続面とレーマン不連続面の発見

1926年にはドイツ生まれの地震学者ベノー・グーテンベルク（生没年：1889〜1960年）が、地球深部の深さ2900kmのところでP波の速度が遅くなり、S波が伝わらなくなる面があることを発見した。

この発見は、外核が液体状であることを強く示唆していた。この境界を発見者の名前に因んでグーテンベルク不連続面と呼ばれ、核とマントルの境界線とされた。

さらに1936年には、デンマークの地震学者インゲ・レーマン（生没年：1888〜1993年）によって、地下約5100kmに不連続面があることが発見され、レーマン不連続面と呼ばれ、内核と外核の境界線とされた。

現在は、この境界線あたりで鉄とニッケルの合金が沈殿・固化することで、内核が少しずつ大きくなっていることまでわかっている。

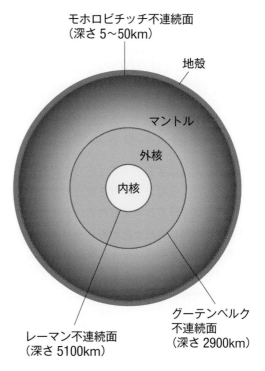

▲モホロビチッチ不連続面、グーテンベルク不連続面、レーマン不連続面

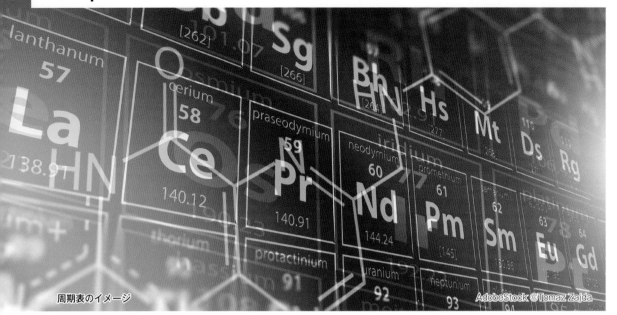

周期表のイメージ　　　　　　　　　　　　　　　　　　　　　　　AdobeStock©Tomaz Zajda

地球は何でできているのか

　地震波を調べることで地球の成層構造が明らかになってきたことは前述したが、それがどのような物質でできているのかということについては十分に調べることができない。

　地殻や上部マントルについては、プレート運動や造山運動で地表に姿を現した岩石を調べることが可能だ。また、海嶺、沈み込み帯、ホットスポットなどで、地下深くからマグマが噴出している。そうしたマグマは下部地殻や上部マントルで岩石が溶融して生成されたものであり、それらを分析することで、上部マントルから地殻にかけての組成はかなりのことまでわかっている。

　しかし、それより深い部分については直接調べる手立てがない。そこで、地球をつくる材料だったとされる隕石や太陽スペクトルを分析したり、あるいは地表で得られた鉱物に対して高圧高温実験による再現実験を行いシミュレーションすることで、地球内部の地球内部の組成を推定している。

■隕石や太陽スペクトルで地球内部を探る

　そもそも太陽は宇宙の中ではありふれた天体のひとつであり、太陽の元素存在度は宇宙の平均的な元素存在度を示すと考えられる。そこで、太陽系ができる材料物質だったと考えられる隕石の組成を調べたり、太陽スペクトルを調べたりすることで宇宙や地球がどんな元素で成り立っているかに関する研究が行われている。

　太陽の光を分光器にかけると、いわゆる虹のような７色からなる連続スペクトルが見られる。それを調べることで、太陽にどのような元素が存在するのか、原子がどのような状態にあるか（温度・密度・エネルギー状態など）を明らかにすることができるのだ。

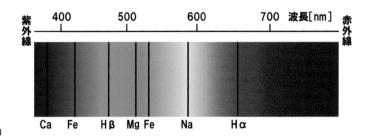

◀太陽スペクトル
スペクトルのところどころにある黒い線は暗線（吸収線）という。たとえば、Naの暗線（波長589nm）は Na（ナトリウム）が存在するために黄色い光が吸収されることで生じている。つまり、太陽の大気にNaが含まれているということを意味している。

最初に、隕石の化学組成を調べることに加え、この太陽スペクトルの分析を行って、宇宙を構成する元素の割合（宇宙依存度）を導き出し、それをもとに地球を構成する元素の割合を導き出したのは、スイス生まれの鉱物学者ヴィクトール・モーリッツ・ゴルトシュミット（生没年：1888～1947年）だった。それは1938年のことであり、地球の層構造を化学的に説明することに成功したのだ。

彼の研究は、地球の構成物質について化学的な手段を用いて研究する分野の始まりとされた。この分野は地球化学と呼ばれるようになったが、現在では、地球の化学組成も次のグラフに示すように明らかとなっている。

そしてその結果、地球内部における主な構成物質も明らかとなり、密度や圧力、さらな温度もかなり正確にわかるようになってきた。

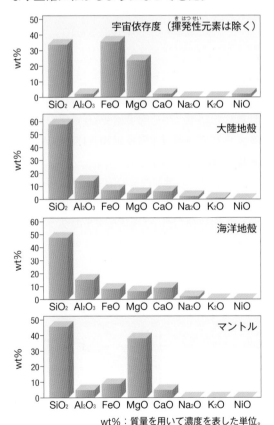

wt%：質量を用いて濃度を表した単位。

▲宇宙依存度、地殻、マントルの組成の比較
揮発性元素とは水素、ヘリウム、炭素、ネオン、窒素など単体・化合物の揮発性が高い元素のこと。これらは地球ができるときに宇宙に飛散してしまうため推定するときに除かれている。

参考資料：地学雑誌『Journal of Geography』114（3）338-349 200,「地球内部の岩石鉱物」大谷栄治

■マントルとは異なる地球の核

地球の最も中心部に位置する核は、マントルとはまったく違う化学組成になっている。

核は地球の質量の約3分の1を占めているが、地震波による観測と純鉄の密度の比較により、鉄を主成分とし、それにニッケルが含まれた組成になっていると考えられている。

また、鉄隕石の組成や地震波による観測で、内核と外核の境界で密度の違いも発見されている。外核の密度は純鉄に比べて10％ほど、内核の密度は純鉄に比べて5％ほど低い。そのことから、外核は軽元素と呼ばれる不純物を10％程度含み、液体状で対流を起こしているが、内核は固体だと考えられている。

この内核は外核が固化したものであり、その出現時期については、高温高圧実験により、今から約7億年前のこととされている。

地球深部の超高温高圧条件で金属鉄の弾性波速度と密度を同時に測定し、地震波観測によって得られている内核の弾性波速度・密度と比較することで、外核に存在する軽元素が何であるかが研究されている。地球内核中には軽元素の水素・ケイ素・硫黄が含まれているとする研究成果のほか、酸素が含まれているという説もある。

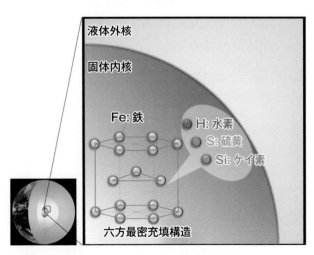

▲地球の内核構造
地球の内核条件では、鉄は六方最密充填構造を持ち、その構造中に水素や硫黄・ケイ素が含まれているとされている。
出典：東北大学ホームページ
「【プレスリリース】地球内核の組成制約に成功―世界最高の高温高圧条件下で鉄の音速・密度同時測定―」

地球内部の圧力と温度

　地球内部の圧力は非常に高く、中心では約364万気圧に達すると考えられている。

　また内部ほど温度も高く、内核の中心部の温度は5500℃以上もの超高温状態となっていると考えられている。

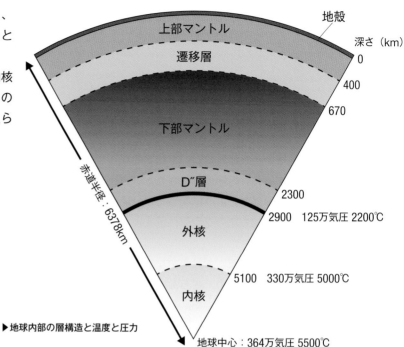

地殻

深さ（km）

上部マントル

遷移層　　　0

400

670

下部マントル

赤道半径：6378km

D″層　　　　2300

2900　125万気圧 2200℃

外核

5100　330万気圧 5000℃

内核

▶地球内部の層構造と温度と圧力

地球中心：364万気圧 5500℃

■超高圧な地球の内部

　地震波の伝わり方を調べた結果、地球内部の密度は深さにつれて大きくなっていることが明らかとなった。地表の平均密度が約3g/cm³であるのに対し、地球全体平均密度は5.5 g/cm³である。これは、地球内部に金属鉄からなる核があることに加えて、深くなればなるほど外側から強い圧力を受けているためである。

　この密度の分布をもとにして、地球内部の圧力を計算した結果、中心部では364万気圧にもなると考えられている（1気圧は10万1325Paだから3×10¹¹Pa）。

　次のグラフは、地球内部の密度、剛性率、圧力、地震波の伝播速度などの分布を深さの関数として表現したPREM※という地球モデルのグラフだ。

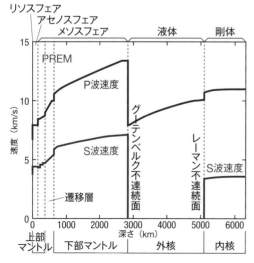

▲PREMによる地震波の伝播速度

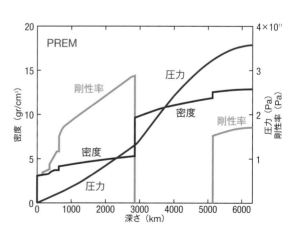

▲地球内部の密度・剛性率・圧力

※PREM：Preliminary Reference Earth Model

72ページ下のPREMによる地震波の伝播速度のグラフを見ると、マントル遷移層やマントルと核の境界で、地震波の速度が不連続になっているのがわかる。また、地球内部の密度・剛性率・圧力のグラフを見比べると、遷移層からグーテンベルク不連続面（下部マントルの底）まで、地震波速度と圧力に相関関係があることがわかる。

さらにグーテンベルク不連続面以深（外核）では、P波は速度が7km/s程度まで小さくなり、S波については伝わらなくなる。これは、外核が液体であるためだ。

また、レーマン不連続面以深（内核）では再びS波が伝わるようになる。そのことから、内核は固体になっていると推定されている。

それにしても、地球内部がこれほど高圧である理由は、いうまでもなく重力の影響だ。

微惑星が集まって原始地球ができていく過程で微惑星の衝突エネルギーが溜まったり、放射性元素の発熱によって地球内部は高温になった。そのため岩石は溶け、重い金属が軽い物質を押しのけて沈んでいった。

こうして地球の中心（外核と内核）は主成分である鉄と少量のニッケル、軽元素（水素、炭素、酸素、ケイ素、硫黄）を含む液体金属の核ができたと考えられている。

しかし、そのままでは終わらなかった。徐々に地球内部の温度が下がり、約7億年前には、それまで液体だった中心部で固体金属の形成が始まった。固体金属からなる内核の誕生だった。

さらに内核はその後も成長を続け、現在では、核全体のうち内核が占める割合は半径で35%、体積で4%の大きさになっていると考えられている。

COLUMN **地球の核の高温高圧状態を再現する実験装置**

高圧高温実験には、「レーザー加熱式ダイヤモンド・アンビルセル」という装置が用いられる。

地球上最も硬い物質であるダイヤモンドをアンビル（頭部を著しく小さくした円錐形の台座）を向かい合わせにし、その間に試料を含む金属ガスケットを挟んで圧力をかけて外核や内核と同じ高圧状態を再現。さらにレーザービームを当てて、外核や内核と同じ高温状態も再現し、試料の結晶構造を解析する。

こうした新たな実験装置で、地球最深部の構造について、次々と新しい事実が発見されている。

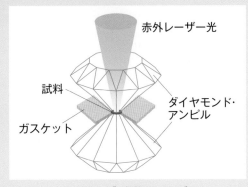

赤外レーザー光

試料

ダイヤモンド・アンビル

ガスケット

▲レーザー加熱のイメージ

◀ダイヤモンド・アンビルセル
ダイヤモンドの尖頭部で高圧を発生させ、地球中心部に相当する圧力を発生させる装置。
画像提供：東京大学・廣瀬敬教授

■地球内部の温度

　実際に、海底の地層に槍のような温度センサーを突き刺して温度を測定した結果、100mにつき2.5〜3℃ほどずつ上昇することがわかっている。そのままの温度勾配が続けば、地球の中心部の温度は19万℃ほどにもなってしまう計算だ。しかし実際には、次の図に示すように、300km以上の深さでは上昇率が緩やかになる。これはマントル深部ではマントル対流という運動が起こっており、

対流運動で熱が運ばれていることによる。核とマントル境界付近で、温度勾配が急になっているのは、マントル対流の下面に熱境界層ができているためである。外核でも対流運動が起こっているため、温度勾配が緩やかであり、中心の温度も5500〜6000℃である。

　外核と内核の境界部では、金属鉄が固体と液体の状態で接しており、その深さで金属鉄の融点となっていることで、地球内部の温度の推定が試みられてきた。

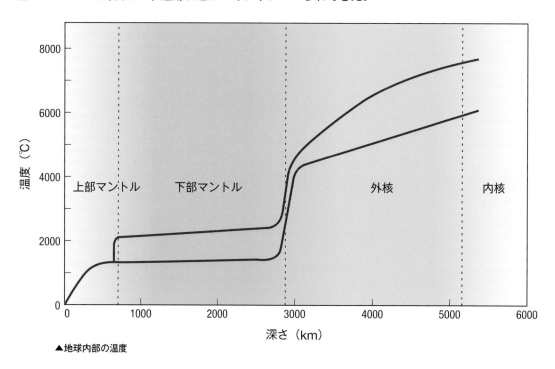

▲地球内部の温度

■地球内部の温度はこうして推定された

　地殻部分では、前述したように熱伝導が熱輸送の主役である。海底表面から深さ数mまでの間の温度勾配を測定した結果、100mにつき2.5〜3℃ほどずつ上昇すると説明したが、地中の温度（温度勾配）と岩石の熱伝導率から地殻熱流量（地球内部から地表に向かって放出される熱量）を求めると、深さ1kmで温度が約20℃上がることが計算できる。

　しかし、地殻を抜け、マントルに達すると、この方法は使えない。

　そこで上部マントルの温度は、たとえば地質温

度計で推定することになる。

　地質温度計とは、岩石や鉱物の結晶構造や化学組成（同位体組成）を調べることで、それらが生成されたときの温度を推定できる岩石や鉱物のことである。

　岩石や鉱物の結晶構造や化学組成（同位体組成）は、それらがつくられるときの温度によって変化する。

　たとえば、上部マントルで生成されると考えられている火成岩や変成岩に含まれる代表的な造岩鉱物である輝石は、実験の結果、1100℃から1500℃で生成されることがわかっている。その輝石の化学組成や相平衡図（ある温度・圧力・組成でど

のような相が得られるかを示す図）から、生成されたときの温度（つまり、上部マントルの温度）を推定することができるというわけである。

また、それより深いところの温度は、物質の融点や相転移を起こす温度や圧力から推定している。

融点▶固体が融解して液体になるときの温度。
相転移▶同一の物質が、温度や圧力の変化によって、物理的な性質が明確に異なる状態に変化すること。

たとえば、1気圧という条件下では、鉄の融点は1538℃、金属の中で最も融点が高いといわれるタングステンの融点でも3400℃だが、地球内部の高圧力下では6000℃になっても固体のままだ。これは外から圧力が加わることにより、分子間の結びつきが強くなり、バラバラになるのが妨げられるからである。

また、地球内部のように極端に圧力が高いと、物質の結晶の形も変化する。それが相転移である。現在では、前述したように実験室で地球内部のような高温高圧をつくりだすことが可能となっており、どのような温度や圧力で、様々な物質がどのような相転移を起こすかもわかっている。

地震波の測定によって、マントルは固体、外核は液体、内核は固体ということがわかっている。それに加え、高温高圧下における様々な物質の変化を踏まえて、地球内部の状態を推定することが可能なのである。

■マントルと核の構造

たとえば遷移層は、主としてマントルの主要成分であるMg$_2$SiO$_4$とFe$_2$SiO$_4$固溶体（かんらん岩）が相転移していると考えられていることから、上部では1450℃程度、下部では1600℃程度であるとされている。

また、マントルは固体ではあるものの、地質学的時間スケールでは粘性流体としてふるまうので熱の対流が起きており、マントル下部では2200～2750℃と考えられている。

外核は鉄が主成分で、そのほかにニッケル、軽元素（シリコン、硫黄など）が含まれているが、高圧高温下の液体状態になっており、融解温度を考えると、約4000～5500℃と推定されている。

内核は外核と同じような成分だが、鉄の割合が多く、高圧下で固体となっているが、鉄の結晶構造は地上とは異なる緻密な構造となっていて、温度は約5500～6000℃と考えられている。

このように下部マントルと外核との温度差は約800℃もあるが、その境界部分の厚さは約100kmで、地震波の速度も変化しており、D″層と呼ばれている。

このような大きな違いが生じているのは、液体の外核が固体化（内核が成長）する際の潜熱が原因だと考えられている。

潜熱▶物質の相が変化するときに必要とされる熱エネルギーの総量のこと。通常は融解に伴う融解熱と、蒸発に伴う蒸発熱（気化熱）の2つを意味している。

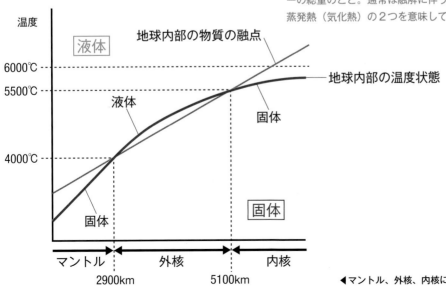

◀マントル、外核、内核における温度と構造の違い

COLUMN 地球の熱源は、誕生時の残存熱と放射性同位体起源の熱生成

● 地球内部の熱源はいったい何か？

地球内部の熱源について、「太陽からの熱だ」と答える人もいるが、それは大きな間違いだ。実は太陽からの放射熱の影響は地球内部にはほとんど影響を与えていない。

確かに地球に届いた太陽の放射熱は、地球の表面を暖め、地球大気の循環を起こすなど、大きな影響を与えているが、夜になると宇宙へ赤外線として放射されてしまう。そのため、地球は太陽から恒常的に放射エネルギーを受け取っているにもかかわらず、気温がどんどん上がることはないのである。

● では地球内部の熱源は？

地球内部の熱源のひとつは、46億年前に原始地球が誕生したときに地球中心部に閉じ込められた熱である。

原始地球が誕生した当時、地球には微惑星が降り注いだ。その微惑星との衝突による運動エネルギーが熱に変換され、それが未だに残っているのだ。さらに、その後、地球内部が分化して核が形成されるときには重力エネルギーが解放され、それが熱に変換された。

地球の熱源はもうひとつある。それは放射性同位体（放射性元素）の崩壊による熱である。

そもそも放射線を出す放射性同位体は，地球が誕生したときから自然界に存在していた。

代表的な放射性同位体としては、ウラン238、ウラン235、トリウム232、カリウム40などがあげられる。いずれも花崗岩（かこうがん）などの中に濃縮されており、時間の経過とともに原子核の構造が変化して別の核種になっていく。いわゆる自然崩壊を起こすわけだが、その過程で放射線を出し発熱する。それも、地球内部における大きな熱源となっていると考えられている。

● 地球の地殻熱流量

地殻熱流量とは、単位時間ごとに地殻内を鉛直方向に移動する単位面積当たりの熱量を表す値である。

下図に示すように、おおまかには、現在の地球の地表での熱流量（地球が宇宙に放射する熱量）である44.2兆Wから、放射性物質起源の熱生成である21兆Wを差し引いた残り、つまり23.2兆Wが、46億年前の地球形成時に地球内部に閉じ込められた"原始の熱"だと考えられている。

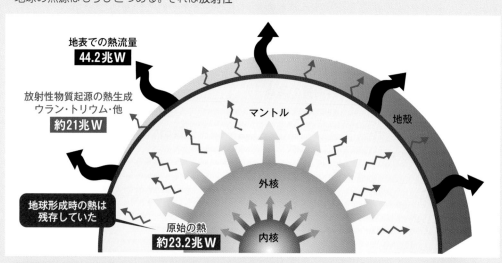

▲地球内部の熱源イメージ

参考資料：東北大学ニュートリノ科学研究センターニュースリリース「地球反ニュートリノ観測で判明、「地球形成時の熱は残存している！」—放射性物質起源の熱生成は地表の熱流量の約半分にすぎない—」

地殻熱流量の定義
Q（地殻熱流量）＝T（地温勾配）× k（熱伝導率）

　温度が一様な場合には熱は移動しない。しかし差がある場合には高温部から低温部へと移動する。地球は内部の温度が高いため、熱は内から外へと移動する。

　地殻熱流量のうち、放射性同位体起源の熱生成は年間21兆Wにもおよび、地表の地殻熱流量のおよそ半分ほどだとされている。

　この地殻熱流量を地球規模で見ると、大陸の内部などでは比較的低く安定的だが、活動的な火山地帯や、マントルが上がってきて新しくプレートをつくっている場所である海嶺などではその値が大きくなっている。

　ちなみに、一般的な熱流量の単位はW/m²（1Wは毎秒1Jに等しいエネルギーを乗じさせる仕事率）だが、地殻熱流量の場合、その単位では数値が0.1以下と小さくなってしまうので、mW/m²で表されることが多い。地球の場合、平均で約87mW/m²（1㎡あたり0.087W=87mW）である。

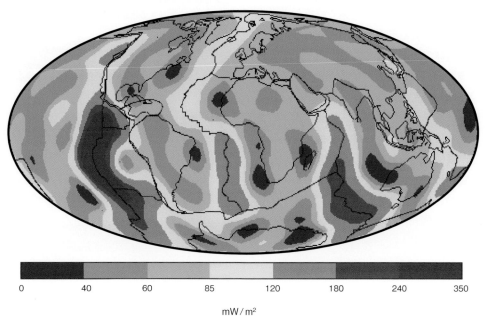

| 0 | 40 | 60 | 85 | 120 | 180 | 240 | 350 |

mW/m²

▲地球全体の地殻熱流量の分布　　　　　　出典：International Heat Flow Commissionホームページ

● **大陸と海洋の地殻熱流量の違い**

　放射性同位体は大陸地殻の上部を構成する花崗岩質岩石に多く含まれているので、地殻熱流量は大陸で測定したほうが高い値を示すと考えられていた。

　しかし、実際に大陸部および海洋部の2万か所を超える地点で測定した結果、大陸部では平均65mW/m²、海洋部では平均101mW/m²と、海洋部のほうが多くの熱を逃がしていることがわかった。海底には長さ6万kmにおよぶ海嶺が存在している。そこでは温度の高いマントルが上昇しているために地殻熱流量も大きくなっていると考えられている。

■地震波トモグラフィー

最近では地震波トモグラフィーという手法によって、地球内部の３次元的な構造を細かく見ることができるようになっている。

地震波の伝わる速度は、地球内部の温度差や物質の成分の違いによって変化するが、Ｐ波の伝わる速度が１％違えば、約100℃の温度差があるとされている。つまり、Ｐ波の伝わるのが遅い部分は高温で、速い部分は低温であると考えられ、それらを画像化することによって、地球内部の構造を明らかにできるのだ。

こうした地震波の特性を利用して、多くの観測点でとらえた地震波の伝播時間（走時）をもとに地震波速度の分布をコンピュータで解析し、画像化したものが地震波トモグラフィーである。それは、いわば地球の断層写真であり、たとえていうなら、医療機関で使用されているＸ線ＣＴスキャンの地震波版といえる。

この地震波トモグラフィーは、1980年代半ばに実用化された技術だが、マントル全体を対象とした研究と、狭い地域を対象とした研究が進められており、狭い地域の地震波トモグラフィーは地震予知に役立つことが期待されている。

地震波トモグラフィーの原理

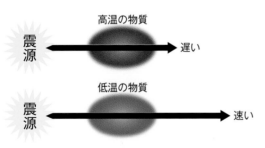

地震波トモグラフィー概念図

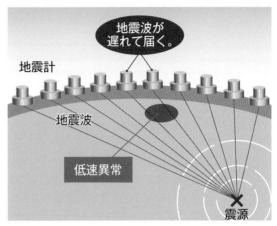

①地震が発生すると、地震波は同心円状に広がっていくが、たとえば途中に地震波を減速させる物質（高温部）があると、地震波が遅れて到達する地点が観測される。

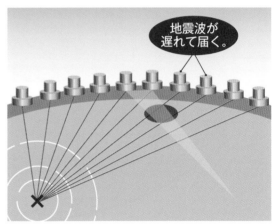

②別の地点で観測しても、途中に地震波を減速させる物質（高温部）があると、やはり地震波が遅れて到達する地点が観測される。

③①と②の観測結果を合わせ、コンピュータ解析することで、低速異常が起きている箇所を特定することができる。

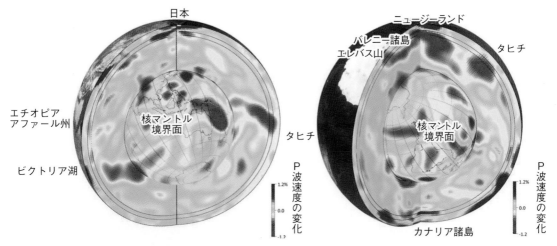

日本

ニュージーランド
バレニー諸島
エレバス山
タヒチ

エチオピア
アファール州

ビクトリア湖

核マントル
境界面

核マントル
境界面

タヒチ

P波速度の変化

P波速度の変化

カナリア諸島

▲地震波トモグラフィーで見たマントル内部の地震波速度の分布

青い色は地震波が平均よりも高速で伝播する（つまり冷たくて硬い）ところ、赤いところが低速
で伝播する（つまり熱くて軟らかい）ところを示す。
日本列島の下には冷たくて硬い物質が東から西に沈み込んでいることがわかる。これは太平洋プ
レートが日本列島の下に沈み込んでいることを示している。
いっぽうアフリカやタヒチ、南極のエレバス山の下では、熱い物質が非常に深くから上昇してき
ていることがわかる。

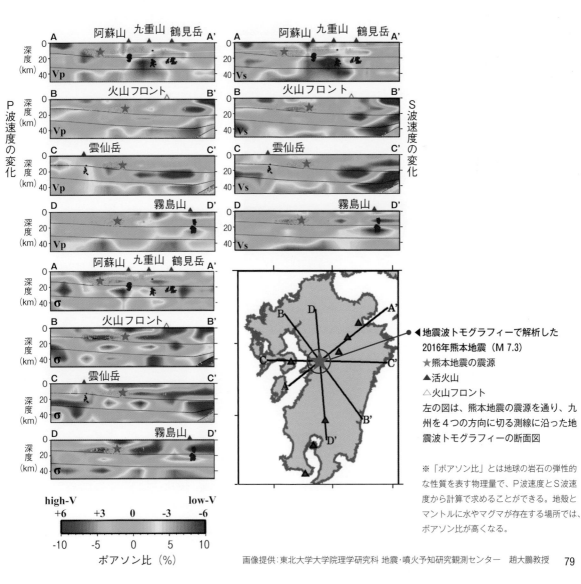

◀地震波トモグラフィーで解析した
2016年熊本地震（M 7.3）
★熊本地震の震源
▲活火山
△火山フロント
左の図は、熊本地震の震源を通り、九
州を4つの方向に切る測線に沿った地
震波トモグラフィーの断面図

※「ポアソン比」とは地球の岩石の弾性的
な性質を表す物理量で、P波速度とS波速
度から計算で求めることができる。地殻と
マントルに水やマグマが存在する場所では、
ポアソン比が高くなる。

画像提供：東北大学大学院理学研究科 地震・噴火予知研究観測センター 趙大鵬教授

COLUMN 人類による地球内部探索への挑戦

コラ半島

地球の内部構造については長い間大きな謎とされてきた。人類史上最も深く掘ったのは、ロシアが地下の構造を調べるために、1970年から1994年にかけてコラ半島で掘った掘削坑（コラ半島超深度掘削坑、深さ1万2261m）だとされている。しかし。それでも地球半径6371kmのわずか0.2%にすぎなかった。

いっぽう日本では2012年に地球深部探査船「ちきゅう」が「東北地方太平洋沖地震調査掘削」の調査にて、水深6889.5mの海底下から850.5mを掘削したという海洋科学掘削における世界記録もある。そのとき、海面から海底下へ延びた掘削パイプの先端までの総パイプ長は7740mだった。地球の地殻の厚さは、30〜50kmもある。いずれにせよ、人類はまだまだ地球のほんの表面を探ったにすぎないのが現状だ。

▲コラ半島超深度掘削坑のあった場所　出典：Google Earth
この地に超深度掘削坑が掘られたのは、地表に堆積物の層がなく、約30億年前の地層がむき出しになっていたからである。現在は廃墟と化している。

©JAMSTEC/IODP

この地球深部探査船「ちきゅう」は地球内部を深く掘るという技術や設備以外に、4階建ての研究区画（ラボ）を備えており、掘削して得られた地質試料をすぐに処理・分析できる。調査海域の地質試料を必要とする研究者が乗船し、海底下から採取された試料を使って分析や研究を進めることができる。このように「ちきゅう」は地球内部から得られた試料やデータを使って地球内部の構造を調べ、地球内部にあるマントルへの掘削に挑戦している。

▲地球の構造を探る「ちきゅう」のイメージ　©JAMSTEC

▲地質試料を確認する研究者
©JAMSTEC/IODP

▲観測データを確認する研究者
©JAMSTEC/IODP

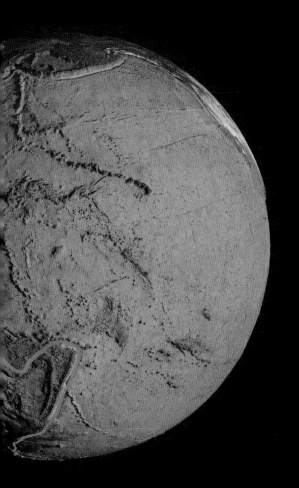
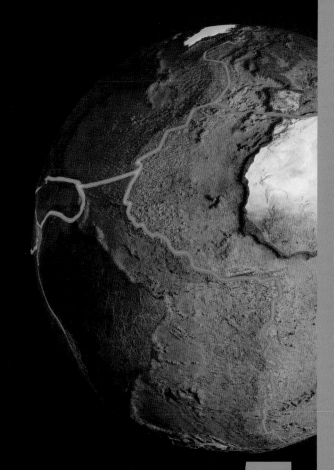

▲変わり続ける地球のイメージ　AdobeStock　©Mopic

プレートテクトニクスと
プルームテクトニクス

地球は、今この瞬間もダイナミックな活動を続けている。その原動力は、前述したように、原始地球が誕生したとき以来の残存熱と、地球を構成している物質に含まれている放射性同位体起源の熱生成によって生み出される地球内部の熱源だ。それらの熱源により、地球の内部では大規模な対流が発生しており、マントル対流の上昇流域ではマグマの発生を伴うプレートテクトニクスやプルームテクトニクスというメカニズムがはたらき、地表の姿を変え続けている。

プレートテクトニクスによるダイナミックな地殻の変化

　地球の表面は十数枚の硬いプレート（岩盤）で覆（おお）われており、それぞれのプレートが１年間に数cmの速さで移動している。この地球のダイナミックなメカニズムをプレートテクトニクスと呼んでいる。

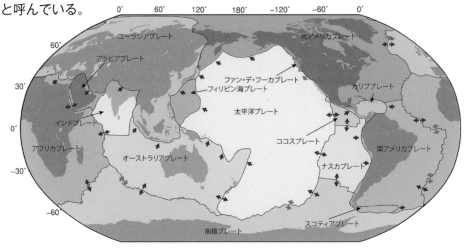

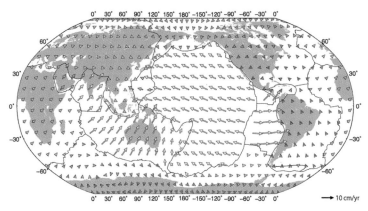

◀世界の主なプレートと
プレートの動き
図版提供：中久喜伴益
広島大学大学院先進理工系
科学研究科　助教

■プレートの構造

　プレートは海洋プレートと大陸プレートに大別される。海洋プレートは、海洋地殻と上部マントルからなるリソスフェアに対応している。海洋地殻の厚さ６kmに上部マントルを加えた厚さは日本近くの太平洋プレートでは60〜70kmである。海洋地殻は黒っぽい色をした玄武岩質（げんぶがん）である。大陸プレートは地球の表面を覆うプレートのうち、その上部が大陸であるもので、一般的に海洋プレートより厚く、100〜150km程度とされる。大陸地殻は、白っぽい色をした花崗岩質（かこうがん）の上部地殻と玄武岩質の下部地殻からなり、その下の上部マントルは相対的に温度が低く、安定的である。

　このプレートを動かす原動力は地球内部の熱である。流体においては、深部と表面付近の温度差があると、対流運動が発生し、高温の深部から低温の表面に、流体運動に伴って熱が効率的に輸送される。地球の内部でも対流運動が生じており、マントル対流と呼ばれている。これが表層のプレートを動かす原動力となっている。

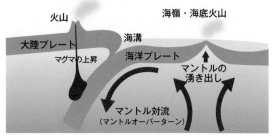

▲マントル対流

■プレート境界には3つの型がある

プレート境界には、発散型、収束型、横ずれ型の3種類があり、それぞれ次のような特徴が見られる。

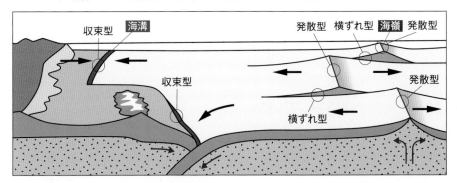

◀プレートの構造と動き
→はプレートの相対的な
動きを示している。
出典『ひとりで学べる地学』
清水書院

①発散型 (互いに離れていく境界)

海嶺やリフト(地溝帯)に相当する。マントル対流の上昇流に対応し、地殻熱流量が高く、火成活動が活発である。マントル物質が溶けて玄武岩質マグマが発生し、海洋地殻がつくられている。

②収束型 (互いに近づいていく境界)

プレートどうしが衝突している境界で、向かい合うプレートの運動方向が逆になっていて、お互いに近づいてくる。大陸プレートと海洋プレートの境界部は海溝になっていて、海洋プレートが大陸プレートの下に沈み込んでいる。2つの大陸プレートが衝突しているところは、造山帯になっており、山脈が形成され、活火山が多く分布している。

③横ずれ型 (互いにすれ違う境界)

2つのプレートが横ずれ断層で接している部分で、プレート境界を形づくる断層をトランスフォーム断層という。

海洋底では断裂帯となっており、トランスフォーム断層のところで、海嶺の位置がずれている。サンアンドレアス断層のようにトランスフォーム断層が地表に露出しているところもある。

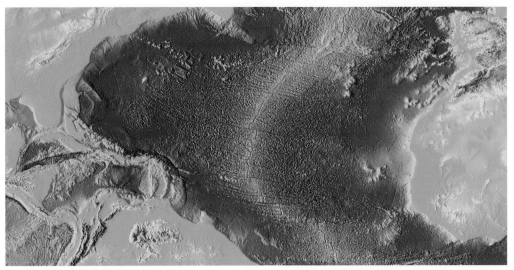

▲大西洋で見られるトランスフォーム断層
中央に南北に走る大西洋中央海嶺と直交するように多数の横筋が見える。これがトランスフォーム断層だ。
出典：NOAAホームページ「Surface of the Earth (ETOPO2v2) 2 minute color relief images」

中央海嶺▶太平洋、大西洋、インド洋などの大洋のほぼ中央部を走る巨大な海底山脈。特に大西洋の真中を南北に連なる大西洋中央海嶺はよく知られており、大西洋の拡大を発生させる大きな原動力となっている。

プレートテクトニクス理論は、大陸移動説から始まった

今では通説となっているプレートテクトニクス理論だが、その始まりは、1912年にドイツで開催された地質学会で、ドイツの気象学者アルフレート・ヴェゲナー（生没年：1880 ～ 1930年）が提唱した「地球上の大陸は地球の表面を移動して現在の位置や形状になった」という大陸移動説だった。

■かつて地球には巨大大陸が存在していた

ヴェゲナーは、大陸移動の根拠として大西洋両岸の海岸線の形がよく似ていることをあげ、これらの大陸がかつてはひとつの大陸であったとし、パンゲアと名づけた。そしてそれが分裂・移動して現在のようになったと説明したのだ。

石炭紀後期
（約3億年前）

古第三紀始新世
（約5000万年前）

第四紀更新世
（約150万年前）

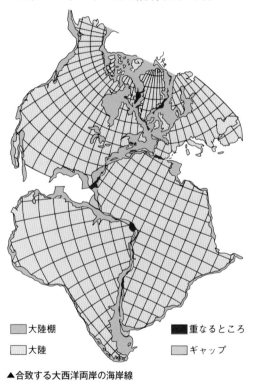

凡例	
▨ 大陸棚	■ 重なるところ
▤ 大陸	▥ ギャップ

▲合致する大西洋両岸の海岸線
出典：『ひとりで学べる地学』清水書院

▲ヴェゲナーが考えたパンゲア大陸の分裂と移動
灰色の部分は浅い海を示す。
出典：『ひとりで学べる地学』清水書院

実は、ヴェゲナー以前にも同じような説を唱えた人物は存在していた。古くは、近代的地図製作の創始者として知られている地理学者アブラハム・オルテリウス（生没年：1527～1598年）が大西洋両岸の海岸線の形がよく似ていることに言及していた。また、地質学者のエドアルト・ジュース（生没年：1831～1914年）は、ペルム紀に栄え

た裸子植物の化石の分布から、南アメリカ、アフリカ、インドがひとつの大陸だったと考え、ゴンドワナ大陸と名づけていた。

ヴェゲナーは、そうした知見に加え、測地学、地質学、古生物学、古気候学、地球物理学などの当時としては最新の資料を使って大陸移動説を唱えたのである。

■ヴェゲナーの大陸移動説を裏付けた古地磁気学の進歩

ヴェゲナーが大陸移動説を発表した当時、話題にはなったものの、いったいなぜ大陸が移動するのかまで説明することができなかった。そのため、大陸移動説はいったん忘れ去られてしまった。

それが再び脚光を浴びるようになったのは、1950年代になって古地磁気学が進歩したからだった。

古地磁気学▶岩石などに残留磁気として記録されている過去の地球磁場を分析する地質学の一分野。岩石の残留磁気の方向を調べることで過去の地球磁場方向を割り出し、当時の磁極の位置を決定できれば、その時代の大陸の姿を推定できる。当初は火成岩の残留磁気しか調べられなかったが、1950年代になると磁力計の感度が向上し、堆積岩にも使えるようになった。加えて、洋上での地磁気観測から、深海底の磁化も推定する技術が開発された。

▲海洋底の磁化の向きのイメージ図

左図（海洋底の磁化の向きのイメージ図）の矢印はプレートの拡大方向。グレーは現在の地磁気と同じ向きに、白は逆向きに磁化している。これは水平方向に新たに海洋が形成されたという証明にほかならなかった。この発見がその後、複数のプレートの相互作用で地球表層の多くの現象が説明できるというプレートテクトニクスの理論の確立につながった。

下の図（磁極の移動）に示すのは、世界各地の岩石の計測データをもとにした磁極の移動を示した図である。ⓐはヨーロッパ大陸の岩石から求めた磁極移動曲線（時代ごとに極の位置をつないだ線のこと。極移動曲線ともいう）、ⓑはアメリカ大陸の岩石から求めた磁極移動曲線だ。下図の左は現在の大陸の位置、右はパンゲア超大陸があった時代の地図だが、大陸が移動したことを考慮すると、ⓐとⓑの曲線がほぼ一致していることがわかる。

こうして、ヴェゲナーが提唱した超大陸パンゲアの存在と大陸移動説が有望視されるようになり、さらに海洋底の年代を調べることで、大陸移動説の正しさが補強されていった。

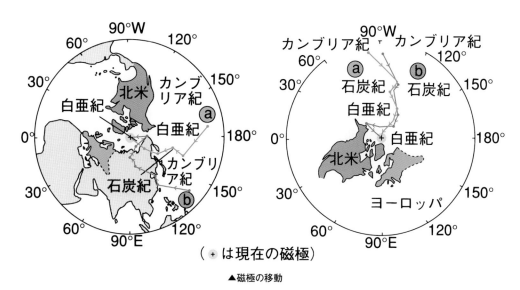

（ ✛ は現在の磁極）

▲磁極の移動

出典:『ひとりで学べる地学』清水書院

■海洋底拡大説の登場

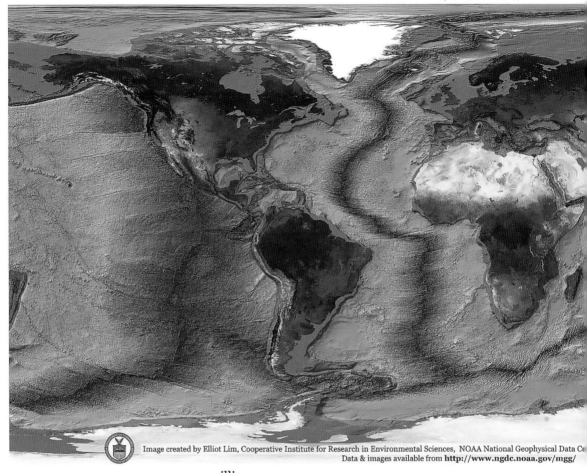

million years

| 0 | 20 | 40 | 60 | 80 | 100 | 120 | 140 | 160 | 180 | 200 | 220 | 240 | 260 | 280 |

▲海洋底のリソスフェア（岩石圏）の年齢別分布図　出典：NOAA「2008 Age of the Ocean Floor」

　1960年代初頭、アメリカの海洋学者ハリー・ハモンド・ヘス（生没年：1906〜1969年）とロバート・シンクレア・ディーツ（生没年：1914〜1995年）などにより次のような海洋底拡大説が提唱された。

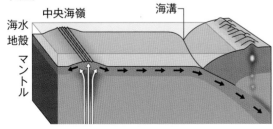

▲中央海嶺の断面イメージ例
出典：『ひとりで学べる地学』清水書院

　海嶺では、地下深部からマントル物質が上昇してきており、常に新たな海洋地殻を形成している。そして、新しく形成された海洋地殻は海嶺を軸として両脇へと移動している。その速度は1年に数cm〜十数cmずつである。

　そのため、海嶺付近の岩石の年齢は0〜100万年前という非常に若いものばかりであり、海嶺から離れるほど古い年代の岩石となっていく。

　そのいっぽうで、世界の海洋底を広く探しても2億年以上前の岩石は見つかっていない。つまり海洋底は絶え間なく生まれ変わっている。

　さらに、海洋底は約2億年かけて大陸周辺に到

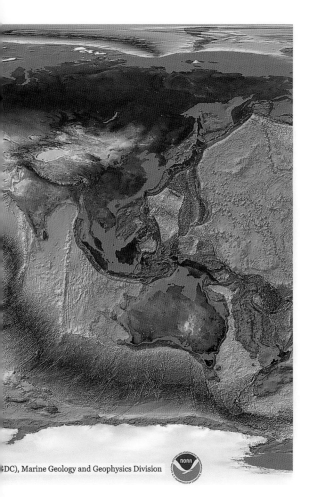

(DC), Marine Geology and Geophysics Division

達するが、そこから大陸の下に潜り込み、マント
ルの中で沈み込んでいく。その沈み込み口が海溝だ。

　このように、海洋底は常に拡大している（更新
されている）というわけだ。

　ページの冒頭に示した「海洋底のリソスフェア
（岩石圏）の年齢別分布図」は、アメリカ海洋大
気庁（NOAA）がつくった海洋底のリソスフェ
ア（岩石圏）の年齢別分布図である。この図を見
ると、海嶺の近くは年代の若い地殻（赤色）で覆
われているが、海嶺から遠ざかるにつれて、徐々
に黄色、緑色と年代の古い地殻に変わっていくこ
とがわかる。しかし、青色の２億年を超える古い
地殻はほとんど見当たらない。これは、２億年を
超える古いプレートはすでに大陸プレートの下に
沈み込んでいるからである。この事実が海洋底拡
大説の決定的証拠のひとつとされた。

■海洋底拡大説を裏づける
　地磁気の縞状異常

　もうひとつ、海洋底拡大説を裏づける事実を紹
介しておこう。

　次に示す図は、1960年代に東太平洋地域で発見
された地磁気の縞状異常の図である。

　図中のＡとＢを結んだ線とＣとＤを結んだ線は、
海洋底を走っている大山脈で海嶺と呼ばれる部分
である。また、図中のＢとＣを結んだ線がトラン
スフォーム断層だ。

　これを見てもわかるように、観測された地磁気
異常は海嶺軸を対称軸としてほぼ平行に並んで縞
模様を形成している。こうした科学的なデータの
積み重ねが、海洋底拡大説を強力に裏づけること
となったのである。

　そして、1967年には、海底底拡大説を発展させ
る形で、プレートテクトニクス理論が提唱される
こととなった。

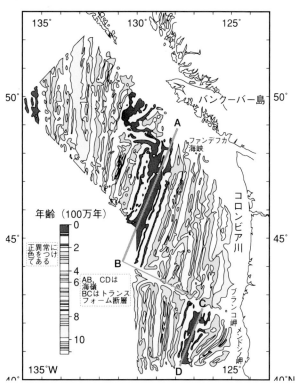

▲東太平洋海洋底における地磁気の縞状異常

出典:『ひとりで学べる地学』清水書院
参考資料:Vine,F.J.(1968):The History of the Earth's Crust,ed.by
　　Phinney,Princeton Univ.Press

■プレートテクトニクス理論の誕生

　この海洋底拡大説をさらに発展させて、プレートテクトニクス理論が誕生することとなった。plate tectonicsという言葉を最初に使ったのはイギリスの海洋学者フレデリック・ジョン・ヴァイン（生没年：1938年〜）だったとされているが、それをきちんと理論づけたのは、カナダの地球物理学者で地質学者だったジョン・ツゾー・ウィルソン（生没年：1908〜1993年）である。

　ウィルソンは、地球表面を覆う硬い外層である地殻と上部マントルを合わせたリソスフェアが、より軟らかい層であるアセノスフェアの上を覆う十数枚におよぶプレートとして動いている。そのプレートはそれぞれ、1年に数cmの速さで移動しているとした。現在では、このプレートテクスニクス理論は地球の活動を語る上で欠かせない理論となっている（82〜83ページ参照）。

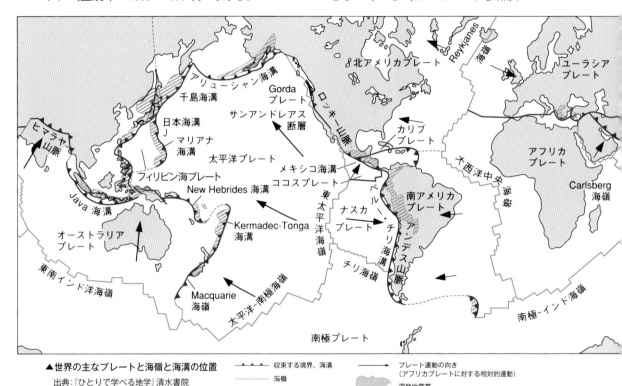

▲世界の主なプレートと海嶺と海溝の位置
出典：『ひとりで学べる地学』清水書院

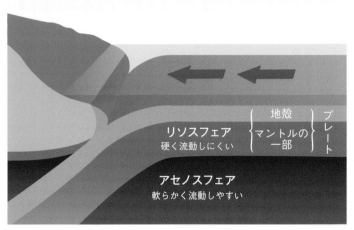

◀リソスフェアとアセノスフェアのイメージ
リソスフェアとは、「岩石からできている層」という意味。アセノスフェアは、「弱い層」という意味。リソスフェアはアセノスフェアの上を移動している。

COLUMN 進化した地磁気探査法

海洋底はマグマが冷え固まった玄武岩（げんぶがん）でできているが、できた時点での地球磁場の方向に磁化し、それを残留磁気として持ち続けている。

もし、海洋底生成時の地球磁場方向が現在と同じであれば、今の磁場方向と同じになるはずである。しかし、海上から全磁力を測定すると重力異常が測定される。これは、現在の地球磁場に残留磁気が加わるために生じる現象である。

つまり、海洋底の地磁気がすべて現在の方向と同じ（正）であれば、海上で観測される地磁気はより強くなるだけで地磁気異常は現れない。ところが実際に観測すると、地磁気の弱い部分（すなわち地磁気の異常）があり、それが海嶺（かいれい）と平行に、縞（しま）のように分布している。これは、海洋底に現在の方向とは逆（負）方向の残留磁場を持つ部分があるからだ。その分が差し引かれて弱くなっているというわけである。この仕組みは磁気を利用するテープレコーダーと非常によく似ている。

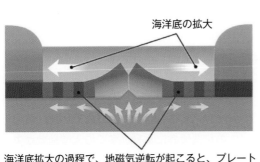

海洋底拡大の過程で、地磁気逆転が起こると、プレート岩石の残留磁化の方向も逆転する。このため縞状の磁気パターンとなる（この図では色の違いとして表している）。

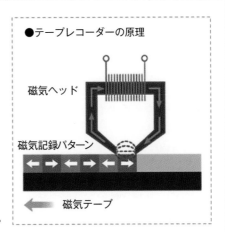

●テープレコーダーの原理

磁気ヘッド

磁気記録パターン

← 磁気テープ

出典：ＴＤＫホームページ「プレートテクトニクス理論と光磁気ディスク」

こうした地磁場の観測技術は海底電位磁力計（OBEM※）の開発によってより精度が高いものとなっている。

日本が海底電磁気観測を開始したのは1981年のことだったが、その際、新しく開発された海底電位磁力計が投入された。

地球の磁場は太陽活動などによって時々刻々と変動する。この地球磁場の変動が地球内部に伝わると、電磁誘導により起電力が生じ、電場の変動として現れる。電場変動の大きさは、元となる磁場変動の大きさと地球内部の電気の流れやすさ（電気伝導度）に依存する。

この現象を利用して、地球表面や海洋底で磁場変動と電場変動を計測し、地球内部の電気の流れやすさ分布を推定しているのである。

磁場変動は、変動の周期が長いほど地球深く浸透するので、様々な周期の変動を観測すると様々な深さの電気伝導度分布の情報を得られる。また多くの観測点を設置することで水平方向の電気伝導度分布に関する情報を得ることができるのだ。この技術を使い、1981年以降も日本近海はもちろん、世界中の海で観測が行われている。

▲海中に投入される海底磁力計（OBEM）
多田訓子 ©JAMSTEC

※OBEM:Ocean Bottom Electromagnetometer

89

■プレートテクトニクスに伴う付加体の存在

大陸地殻はプレート収束境界である島弧や造山帯での火成活動で生み出されたもので、比較的軽い物質でできているため、マントルに沈み込まずに徐々に蓄積し、拡大してきた。地球初期に形成された大陸地殻では、その後、火成活動が不活発であり、安定地塊を形成してきた。

新生代に形成された若い大陸地殻は、海洋で堆積した地層や海洋地殻、海山の石灰岩などの多様な地質が複雑に変形を受け、断層によって切断されており、変成作用を受けている。このような特徴をもつ大陸地殻は付加体であることが明らかにされた。

付加体とは、海洋プレートが大陸プレートの下に沈み込んでいくとき、海洋プレートの上部が、大陸プレートの端に引っかかり、海洋プレート上の堆積物を、かんな屑のように薄く削ぎ落として楔状に残ったものだ。

そもそもその堆積物には様々なものが含まれている。熱水噴出孔（111ページ参照）により形成された金属鉱床、放散虫などの死骸を含んだチャート、サンゴ礁などからできた石灰岩、あるいは大陸から運ばれてきた土砂や岩石（砂岩や礫岩）などだ。さらには海洋底で形成された海山をつくっていた玄武岩（風化して緑色を帯びているので岩と呼ばれる）も含まれる。それらは沈み込んでいくプレートから分離して、海溝陸側斜面を構成する陸側プレート上に蓄積していく。こうした作用を付加作用と呼ぶ。また、その際に形成された地質体を付加体という。

チャート▶放散虫などの動物の殻や骨片（微化石）が海底に堆積してできた岩石。主成分は二酸化ケイ素（石英）。

付加体では、チャート、石灰岩、砂岩などの岩塊がごちゃごちゃになって泥岩質の基質に取り込まれていることがあり、こうした地質構造体をメランジェという。

また、沈み込む海洋プレートによって陸の下側が削り取られてマントル深部へとへ持ち去られることがある。これを構造侵食という。

かつては、大陸プレートは海洋プレートと比較すると密度が小さいため、いったん形成されると沈み込むことはないとされていた。だが近年、この構造侵食により、多くの大陸地殻が失われていることがわかってきた。

メランジェ▶地層としての連続性がなく、細粒の破断した基質の中にいろいろな大きさや種類からなる礫・岩塊を含むような構造を持った地質体のこと。様々な岩石が変形し、混合した状態にある。

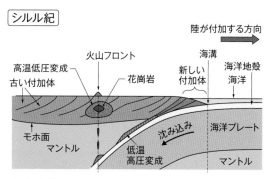

▲付加作用

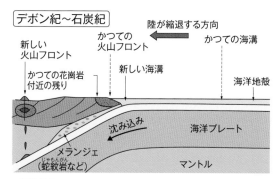

▲構造侵食

出典:『ひとりで学べる地学』清水書院

付加体の年代は、日本海側ほど古く、太平洋側ほど新しい

　日本列島、特に西南日本の太平洋側の地質を見ると、同じ地質が島弧の方向に連続して分布しているのがわかる。これらは主に付加体の堆積物、あるいは付加体堆積物が変成作用を受けた変成岩、海洋底起源の火成岩などから形成されている。

　付加作用で形成された地質体は、海溝でいったんマントルに引きずり込まて、変成作用を受けた後、上昇してきたもので、、断層や褶曲などが形成され、非常に複雑な構造となっている。

　付加体は以下のような順で形成されていったと考えられている。

①**日本海側**：古生代〜中生代三畳紀の付加体(三郡・秋吉〜超丹波〜飛騨外縁〜上越帯)
②**日本列島中軸部**：中生代ジュラ紀の付加体(丹波〜美濃〜足尾帯／秩父帯)
③**太平洋側**：中生代白亜紀〜新生代古第三紀の付加体(四万十帯)

　このように付加体が日本海側から太平洋側へ形成年代順に並んでいることは、日本の下では海洋プレートが沈み込み続けており、付加作用が繰り返し起きていたことを意味している。そういう意味では、日本列島はユーラシア大陸に押し出されながら、付加体によって太平洋側に成長してきたといえる。

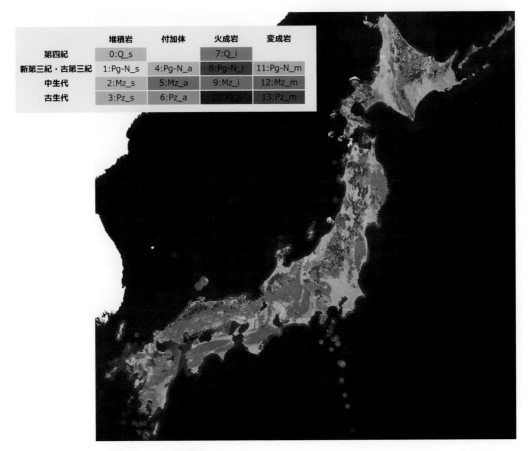

	堆積岩	付加体	火成岩	変成岩
第四紀	0:Q_s		7:Q_i	
新第三紀・古第三紀	1:Pg-N_s	4:Pg-N_a	8:Pg-N_i	11:Pg-N_m
中生代	2:Mz_s	5:Mz_a	9:Mz_i	12:Mz_m
古生代	3:Pz_s	6:Pz_a	10:Pz_i	13:Pz_m

▲日本のシームレス地質図
出典:産業技術総合研究所　地質調査総合センター　「日本シームレス地質図Ｖ２　簡略版」

新たに登場したプルームテクトニクス理論

　地震波トモグラフィーによって地球内部の詳細な構造が明らかにされると、それがマントル対流運動のスナップショットのようなものであることがわかった。マントルの冷たい部分はマントル対流の下降流に、高温の部分は上昇流に対応しているというわけだ。プレートテクトニクスは地球表層のプレートの横滑り運動を理論化したものだが、マントル深部の上昇運動や下降運動はプルームと呼ばれる対流形態であることから、プルームテクトニクスと名づけられた。

　地震波トモグラフィーで明らかにされたアジアの地下にある大規模な低温域は、スーパーコールドプルームが生じている場所であるとされた。また、アフリカと南太平洋にある大きな高温域はスーパーホットプルームと名づけられた。ここでは、下部マントルの太いスーパープルームが上部マントルと下部マントルの境界を貫くときに、分裂して多数の小さなプルームに枝分かれていることがわかってきた。

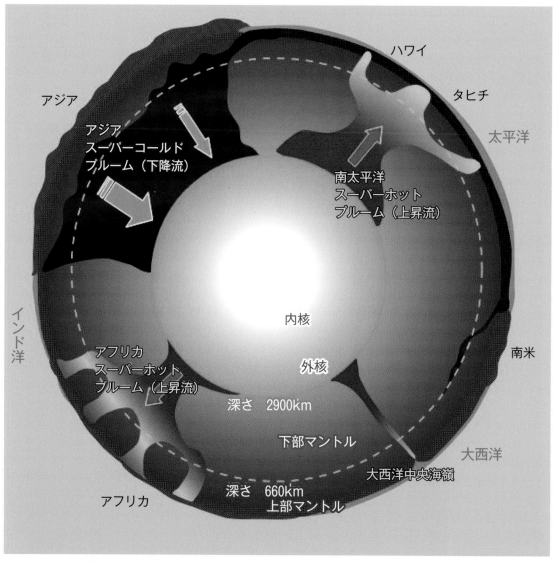

▲スーパーコールドプルームとスーパーホットプルーム
　出典：島根半島・宍道湖中海ジオパークホームページ

■新たに見つかったスーパーコールドプルームとスーパーホットプルーム

こうしたプルームテクトニクスの考え方をさらに発展させて、地球史におけるプルームテクトニクスの役割に関する説が出された。1980年代のマントル対流に関する学説では、マントル対流が上部マントル対流と下部マントル対流の2層に分かれているという考え方が出されていた。

それに対し、プルームテクトニクスでは、下部マントルから上昇してくるプルームが660kmの不連続面を貫いて物質混合が起こると同時に、沈み込んだプレートが上部マントルに蓄積したあと、大規模な下降流（スーパーコールドプルーム）となって、下部マントルに沈んでいく。こうした上部マントルと下部マントルの物質混合が間欠的に起こっており、大規模に混合が起こったときに、超大陸の形成・分裂、生物の大量絶滅といった大事件が起こったとされる。

■日本発のプルームテクトニクス理論

この発見を契機に、1990年代になると、主として日本の研究者から新たにプルームテクトニクス（plume tectonics）という理論が提唱されることとなった。

このスーパープルームの下降流や上昇流の強度には1億〜4億年ぐらいの時間スケールの揺らぎがあり、強度が強まると、対流運動がマントル全体におよぶようになると考えられている。

そして、この巨大なマントル対流が超大陸の誕生や分裂の原動力となり、結果的に地表の環境変化や生物の進化・絶滅にも多大な影響を与えることとなったと考えられるようになっているのだ。

このようにプルームテクトニクスに関するさまざまな考え方が提案されると、多くの研究者が自分の行っている研究をプルームテクトニクス理論と関連付けて考察するようになった。

次ページでは、そうした研究のいくつかの具体例を紹介しよう。

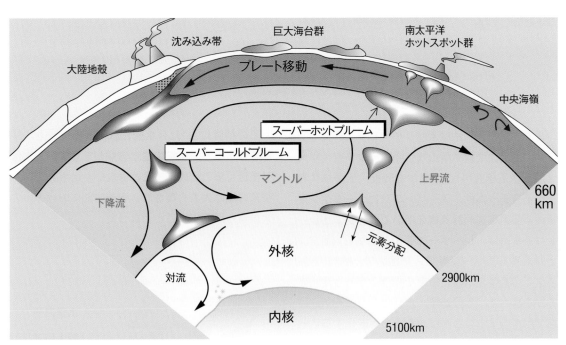

▲プルームテクトニクスのイメージ
出典：『ひとりで学べる地学』清水書院

■プルームテクトニクス理論を支える実験と新たな発見

2011年に、東北大学大学院理学研究科の村上元彦准教授（当時）らはイリノイ大学のジェイ・D・バース教授と共同して、200万気圧を超える極限的超高圧力条件下でマグマの模擬物質を用いた実験を行い、超高密度のマグマは周囲のマントルの岩石よりも"重く"なることを突き止めた。そして原始地球のマグマオーシャン時代に形成された超高密度マグマは、その後40数億年間、マントルの底に重力的に安定して存在し続けていたと説明、また、マントル最深部のD"層は構造が複雑で不均質であるとされてきたが、その成因がマグマオーシャン時代のマグマの比重が大きく、マント

ルの底に沈んだものであると主張している。こうして、それまで謎とされていたマントル最下部直上数十kmで観測される異常な地震波の速度低下（地震波超低速度層）を理論的に説明できるようになった。

地震波超低速度層▶地球の地下約70kmより深いところには地震波の速度が遅くなる場所があり、低速度層と呼ばれる。そこでは岩石が部分溶融を起こしており、そのために地震波速度が低下すると考えられている。さらにマントル最下部にはより大きなスケールで存在している。そこでは地震波の速度が周囲と比較して30%ほども遅くなっており、超低速度層と呼ばれる。

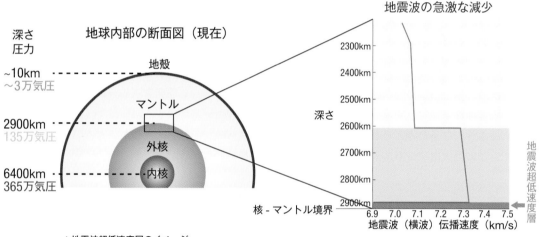

▲地震波超低速度層のイメージ
参考：東北大学プレスリリース「原始地球誕生時にできた超高密度マグマがマントルの底に残存
-超高圧力条件での珪酸塩ガラスの高密度化機構を解明ー」2011.10.4

また、愛媛大学地球深部ダイナミクス研究センターの西真之助教、桑山靖弘助教（現東京大学大学院理学系研究科）、土屋旬准教授、土屋卓久教授の研究チームは、スーパーコンピュータ京や愛媛大学設置の並列計算機を用いて数値シミュレーションを行い、レーザー加熱式ダイヤモンドアンビルセル（73ページ参照）を用いて、約140万気圧までの条件で水酸化鉄の結晶構造がどう変化するかを調べた。その結果、水酸化鉄が80万気圧程度でパイライト型と呼ばれる構造へ変化することを明らかにし、2017年には国際科学雑誌「Nature」で発表した。

この研究により、「水酸化鉄は下部マントル深部では水素と酸化鉄に脱水分解してしまい、水は外核近くまで到達することはない」とされていた従来の説は大きく覆され、地球内部における水の大循環も証明することとなった。

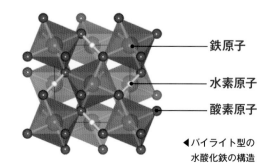

鉄原子
水素原子
酸素原子

◀パイライト型の
水酸化鉄の構造

▲プルームテクトニクスにおける水循環のイメージ　出典：愛媛大学プレスリリース
「超高圧下で安定な新しい水酸化鉄の発見―地球深部の水の循環に関する論文が Nature に掲載―」2017.07.04

この研究はマントルにおける水循環のしくみに関する新知見を与えるものであり、著者たちは、さらにプルームテクトニクスにおける水循環に関する議論へと発展させている。

パイライト型▶黄鉄鉱。鉄と硫黄からなり、化学組成は FeS_2 で表される。実験で発見された新しい水酸化鉄はパイライトと結晶構造が同型であり、硫黄が酸素と置き換わり、かつ水素を含むものだった。

■プルームテクトニクスのメカニズム

沈み込み帯からマントル内に入り込んだ海洋プレートはスラブ（Slab）と呼ばれる。スラブとは「平たい板」という意味である。沈み込むプレートが平たい板状になっていることからこの名がつけられた。

スラブには大量の水が含まれている。この水はマントルの中でどのように循環しているのか？

スラブ中の水は深さ100kmぐらいで遊離し、マントルウェッジと呼ばれる領域に染み出して、マグマを生じ、島弧などの火山活動を引き起こしている。

前述の西氏たちの研究によると、その一部はマントル遷移層にまで達し、新たな含水鉱物相（D相）へと変化する。

さらに、スラブが深度1250km（44万気圧）ほどまで沈み込むと、熱と圧力の影響で結晶構造が変わって密度が高くなり、H相となる。

密度が高くなったスラブは、さらに下部マントルへと沈み込んでいき、マントルの底（深度2900km、130万気圧）まで達すると2000℃超の高温となる。

その際、鉱物が含んでいる水の存在により、岩石の溶ける温度が下がるため、マントル最下部でのマグマの発生を引き起こし、水の成分が周囲の岩石を溶かしながら上昇流（プルーム）に転じる。

それが地表に達したのがスーパープルームの正体ではないかとしている。

含水鉱物相（D相）▶水を結晶水として含む鉱物の総称。海洋プレートの沈み込み帯では、海水を含んだスラブが高温・高圧により変成し、たとえば水酸化鉄のような鉱物の結晶構造の中に取り込まれている。
H相▶含水鉱物のひとつで、下部マントル深部において存在可能な唯一の含水ケイ酸塩鉱物と考えられている。マグネシウムやシリコンがその他のマントルの主要元素であるアルミニウムや鉄と置き換わる。

水は地球の内部でも重要な成分のひとつである

　地球表層の７割は海に覆われているが、地球内部に貯蔵されている水の総量は海水の数倍とも見積もられており、地球の進化に多大な影響を与えている。

　もし、地球内部における水の大循環がなければ、プレートテクトニクスやプルームテクトニクスというダイナミックな地球の活動は起きなかっただろうと考えられている。

　たとえば月は、中心部にマントルらしき軟らかい層が存在し、現在も暖かな核があると考えられている。また、地下には水が氷の状態で大量に存在していると考えられている。

　しかしマントル対流は確認されておらず、大きな地殻変動が起きることがなかった。そのため、その表面は月が誕生した頃の火山活動による噴出物や玄武岩質の溶岩で覆われている。

　また月の重力は小さく大気が存在しない。そのために侵食作用がはたらかず、月面は形成されたときの状態をそのまま保っている。たとえば、隕石や小惑星との衝突によるクレーターが数多く残っており、古いものは約42億年前のクレーターも確認されている。それらも時が止まってしまったかのように、そのままの形で残っているのだ。

　逆にいえば、地球は月よりもはるかに大きく、複雑な内部構造を有しているがゆえに、誕生以来、常に変化し続け、多様性に満ちた姿へと進化してきたといえる。そして、その多様性を生んだ大きな要因のひとつが、地球の表面から深奥部まで大量に存在している水だったのである。

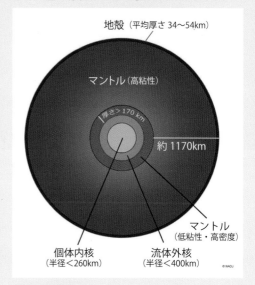

▲月の内部構造
©国立天文台

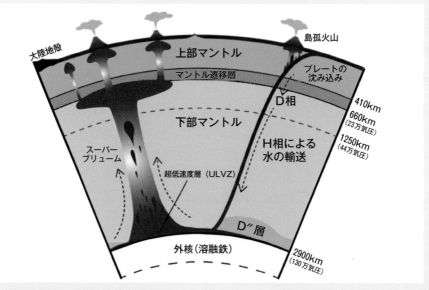

▲地球内部構造と地球深部への水の輸送
出典：東京工業大学ホームページ「東工大ニュース　2015.11.17　地球深部の水の循環を担う鉱物の性質解明」

▲宇宙から見たグレート・リフト・バレー　©NASA

Chapter 6

大陸の歴史と
日本列島の形成

シナイ半島と死海に広がる大地の裂け目。ここで新たな海洋が形成され
ようとしている。その南にあるグレート・リフト・バレー（大地溝帯）は、
アフリカ大陸東部を 6000km以上も縦断している、幅 35 ～ 100kmほどの
巨大な裂け目だ。かつてひとつの大陸だったアメリカ大陸と南アフリカ
大陸は、約 1 億 2000 年前に分裂を開始したが、それが今でも続いており、
大西洋は拡大を続けている。

繰り返す超大陸の形成と分裂

　現在の地球の表面には、3つの大洋と6つの大陸があり、陸地は複雑な分布をしている。これらの大陸は約2億5000万年前には1か所に集まって超大陸パンゲアを形成しており、この大陸を取り巻いて巨大な大洋パンサラッサが存在していたとされる。地球の歴史を調べると、世界の大陸は超大陸の形成と分裂を繰り返してきた。

▲現在の地球の大陸

■超大陸ロディニアの誕生

　超大陸ロディニアは約10億年前に形成されたと考えられている。その頃は、海の中でようやく小さな多細胞生物が出現するようになったばかりだった。大陸は岩石だらけで、生命体と呼べるものがいない大地で、その周囲はミロヴィア海という海洋で囲まれていた。

　この超大陸ロディニアが約7億年前に分裂を開始した。そして超大陸のほぼ中央部にあった南中国地塊の周囲にパンサラサ海（古太平洋）が形成され、広がっていった。

　日本列島の形成は、このパンサラサ海の拡大まで遡る。パンサラサ海の海洋地殻の一部は現在、日本最古の地質帯として九州西部から産出している。

10億～7億年前の
超大陸ロディニア

▲原日本（proto-Japan）が誕生した超大陸ロディニア（10億～7億年前）
出典:『ひとりで学べる地学』清水書院

■超大陸ゴンドワナの出現

　超大陸ロディニアの分裂後、そのほとんどが南半球に移動して再び集まっていった。その結果、7億～6億年前には赤道より南に超大陸が出現した。それが超大陸ゴンドワナである。超大陸ゴンドワナは、現在のアフリカ大陸、南アメリカ大陸、インド大陸、南極大陸、オーストラリア大陸、アラビア半島、マダガスカル島を含んだ大陸だった。

　この超大陸ゴンドワナの時代に、北中国地塊の断片も南中国地塊一部となり、南中国大陸を形成したが、後に日本列島のもととなる陸地もその一部だった。

　岐阜県の神岡市から高山市にかけての飛驒外縁帯の古生代オルドビス紀（約 4.9～4.4 億年前）の地層や、茨城県多賀山地の日立変成古生層（大雄院層）に見られる古生代カンブリア紀（約 5.4～4.9 億年前）の地層はその頃に形成されたものだ。

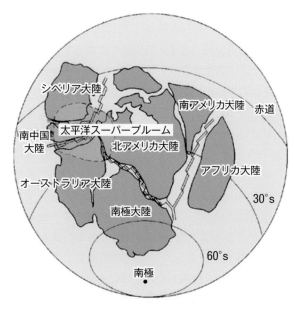

▲超大陸ゴンドワナ（7億～6億年前）
出典：神奈川県立 生命の星・地球博物館ホームページ
「新しい地球像を求めて〔地球のからくり〕」

▲飛驒外縁帯と日立変成古生層の位置

■活動的になった超大陸ゴンドワナの縁

　約5.2億年前（カンブリア紀）頃から南中国大陸の沖で、海洋プレートの沈み込みが始まった。それに伴い、それまで穏やかだった大陸の縁における地殻変動が活発化していった。

　南中国大陸の一部になっていた日本列島の基盤でも火山活動が活発化、地下に大きな花崗岩質マ

グマが繰り返し貫入して、周囲で大規模な接触変成作用が生じた。

　また、海溝の堆積物が付加体として陸地に付け加えられる付加作用と、陸地を減らす構造侵食が繰り返し進行し、海溝側へ成長と縮小を繰り返していった。

超大陸パンゲアの誕生

約3億年前（古生代石炭紀）になると超大陸パンゲアが誕生する。それに伴い、南・北中国地塊を含む複数の地塊が集合してユーラシア大陸の原型を形づくった。この頃、後に日本列島となるエリアは北極近くに位置していた。

約3億～2.5億年前（古代代ペルム紀）には、海洋プレートに乗って赤道付近から移動してきた秋吉海山群の石灰岩が原日本に付加された。それが後に隆起したのが、山口県美祢市の中・東部に広がるカルスト台地・秋吉台である。さらに約2.4億年前（三畳紀）には南中国地塊と北中国地塊が衝突し、衝突したところに生じた山脈から多くの堆積物が海底に供給された。その堆積物がジュラ紀（約2.1億～1.4億年前）に日本列島となるエリアに付加された。

その後、日本列島となるエリアは、約1.5億～6600万年前（中生代白亜紀）にかけて、ほぼ現在の位置まで移動した。この時代には太平洋スーパープルームの活動により、海洋底に火山活動によるいくつもの巨大な火山性の台地である海台が形成されると同時に、さらなる付加作用がはたらき、最も新しい付加体である四万十帯が形成された。

この時代に貫入した花崗岩は現在の日本に広く分布している。

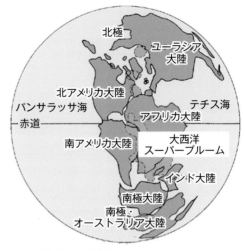

▲2億年前の大陸分布
出典：神奈川県立 生命の星・地球博物館ホームページ「新しい地球像を求めて〔地球のからくり〕」

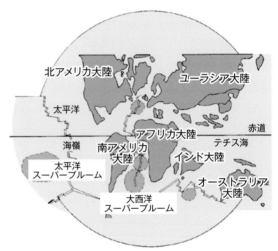

▲8300万年前の大陸分布
出典：神奈川県立 生命の星・地球博物館ホームページ「新しい地球像を求めて〔地球のからくり〕」

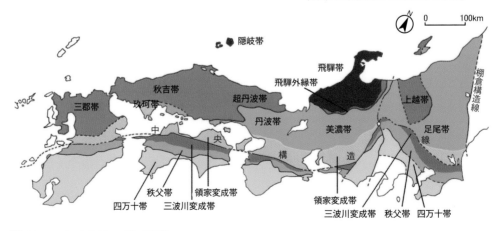

■ 4億年より前の大陸地殻…隠岐・飛騨帯
■ 約3億年前（古生代～中生代三畳紀）の付加体…三郡・秋吉・超丹波・飛騨外縁・上越帯
■ 2億-1億年前（中生代ジュラ紀）の付加体　玖珂・丹波・美濃・足尾／秩父帯
□ 1億年前（白亜紀）の高温低圧変成帯…領家変成帯
■ 1億年前（白亜紀）の低温高圧変成帯…三波川変成帯
□ 1億-0.25億年前（中生代白亜紀～新生代古第三紀）の付加体…四万十帯

▲西南日本基盤の地体構造区分
出典：大鹿村中央構造線博物館ホームページ

COLUMN パンゲア大陸以前にもあった超大陸と 将来に予想される超大陸の出現

　ヴェゲナーが名づけた超大陸パンゲアの出現以前の19億〜18億年前にも地球上にはコロンビア超大陸が存在していたとされる。

　そして現在は7つの大陸となっているが、将来的にはひとつの超大陸に合体すると考えられている。その超大陸が出現するのはおよそ2億5000万年後のこととされ、アメイジア大陸とか、パンゲア・プロキシマ大陸とか、パンゲアアルチマとか呼ばれている。

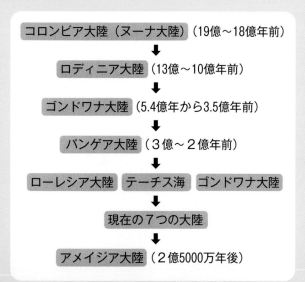

コロンビア大陸（ヌーナ大陸）（19億〜18億年前）
↓
ロディニア大陸（13億〜10億年前）
↓
ゴンドワナ大陸（5.4億年から3.5億年前）
↓
パンゲア大陸（3億〜2億年前）
↓
ローレシア大陸　テーチス海　ゴンドワナ大陸
↓
現在の7つの大陸
↓
アメイジア大陸（2億5000万年後）

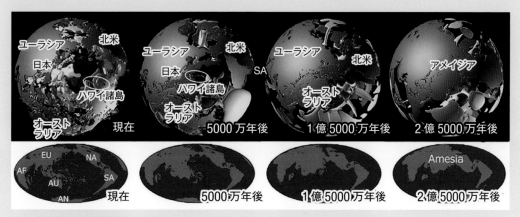

▲アメイジア超大陸形成のイメージ
出典：JAMSETC　プレスリリース
「2億5000万年後までに日本列島を含んだ超大陸アメイジアが北半球に形成されることを数値シミュレーションにより予測
〜大陸移動の原動力の理解へ一歩前進〜」2016.8.4
©吉田晶樹

　将来の大陸配置をマントル対流の三次元高解像度数値シミュレーションで予測した研究がある。海洋研究開発機構（JAMSTEC）固体地球データ科学研究グループの吉田晶樹主任研究員によると2億5000万年後までには、北半球に現在のユーラシア、アフリカ、オーストラリア、北アメリカ大陸を中心とする超大陸が形成されるいっぽう、南アメリカ大陸や南極大陸は現在の位置とほぼ変わらないとしている。

　またハワイ諸島は、約5000万年後までには北西方向に移動する太平洋プレートに乗って日本列島の付近に接近。日本列島は約1億5000万年後までには、北半球に留まるユーラシア大陸と南半球から高速で北進するオーストラリア大陸の間に挟まれ、やがて新しい超大陸の一部となるとしている。

■日本列島がたどった島弧へのプロセス

　約3000万年前の新生代の中頃には、日本列島はアジア大陸の縁にあった。また、2000万年前には、現在の日本に存在する最長の断層である中央構造帯がアジア大陸の縁に誕生して活動を始めた。

　そして2000万年前にアジアの下で小さなプルームが上昇したのをきっかけに新たなプレートの沈み込みが始まり、それに伴う海盆（大洋底に存在する形が円形から正方形に近い盆状の海底の凹地）の形成も始まった。それが徐々に広がっていったのが日本海だ。

　こうして日本は、1500万年前を過ぎた頃から島弧となっていったのである。

■フォッサマグナの形成

　日本が島弧になる過程で、西南日本は、時計回りに約45°、東北地方は反時計回りに約25°回転しながら移動した。そのため、本州のほぼ中央が折れ曲がった。その折れ目が引っ張られることで大きく落ち込み、大きな凹地であるフォッサマグナが形成された。ラテン語でFossa magna、大きな溝という意味だ。

　フォッサマグナはドイツ人地質学者のハインリッヒ・エドムント・ナウマン（生没年：1845〜1927年）によって発見された地溝帯だが、その厚さは、地下約6000（平野部）〜9000m（山地）にもおよぶとされる。しかし、その上は火山灰と堆積物で覆いつくされており、現在では地表を観察しても凹地であることは確認できない。

　このフォッサマグナの西の端が糸魚川-静岡構造線であり、そこは北米プレートとユーラシアプレートの境界でもある。

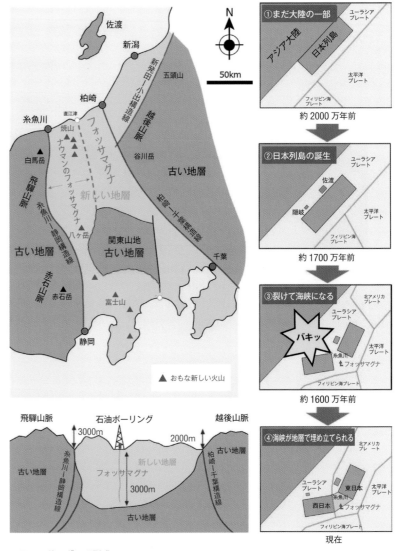

▲フォッサマグナの形成
出典：フォッサマグナミュージアムホームページ「フォッサマグナと日本列島」
フォッサマグナの断面図は上村武（1988）共立出版を参考に作図。

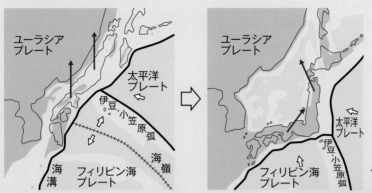

COLUMN 日本海はかつて広大な淡水湖だった

ユーラシアプレート
太平洋プレート
伊豆・小笠原弧
海嶺
海溝
フィリピン海プレート

ユーラシアプレート
太平洋プレート
伊豆・小笠原弧
フィリピン海プレート

◀日本海の誕生
出典:『ひとりで学べる地学』清水書院

この日本海の拡大を伴う列島形成のプロセスを証明しているのが、グリーンタフと呼ばれる緑色の凝灰岩だ。

右図に示すように、本州の日本海側に沿って分布しているこの岩石層は、2000万〜1500万年前にできた。

この地層からはワニの歯の化石、スッポンの化石、あるいは暖かい地域の淡水性貝化石が発見されることから、現在の日本海が、その当時は広い淡水の湖であり、火山活動が活発な地域だったことを示している。

▲グリーンタフの分布
出典:隠岐ユネスコ世界ジオパークホームページ

◀グリーンタフの地層。撮影地は秋田県男鹿半島

グリーンタフは、浅い海に棲む貝化石を含む砂岩層と水深数千mの深海底で形成される泥岩層の堆積物に挟まれている。これは、約1600万年前、それまでくっついていた朝鮮半島と日本が大規模な地殻変動によって徐々に離れて日本海が開き始め、浅い海に砂がたまっていくうちに、海底火山活動が活発化して火山からの噴出物が厚く堆積してグリーンタフを形成。その後、日本海が広く開くにしたがって海底が急速に沈み込み、グリーンタフの上に深海底の泥岩層が堆積したためである。

地質時代	先カンブリア時代			古生代						中生代			新生代						
				カンブリア紀	オルドビス紀	シルル紀	デボン紀	石炭紀	ペルム紀(二畳紀)	トリアス紀(三畳紀)	ジュラ紀	白亜紀	古第三紀			新第三紀		第四紀	
													暁新世	始新世	漸新世	中新世	鮮新世	更新世	完新世
放射年代	約4600	約2500	約700	542 約520	488	444	416	359	299	251 約230	200	146	66		約30	23 約20	約5	2.6	0.01 (単位百万年)
日本列島の形成に関連した出来事	日本列島の形成に関連した出来事	日本最古の岩石(島根県津和野町の花崗片麻岩)	超大陸ロディニアの分裂に伴い日本最古の地質体誕生	後に日本列島になるエリアの沖で海洋プレートの沈み込み開始	この後、後に日本列島になるエリアは活動的な大陸の縁となる		秋吉古生炭岩を含む秋吉海山列が赤道付近で誕生	後に日本列島になるエリアで秋吉海山列を含む付加体の形成		南中国・北中国地塊衝突	後に日本列島になるエリアで広範囲に付加体(四万十帯)の形成	炭田の形成			中央構造線が活動開始	日本海が拡大開始。日本が島弧となる	火山列が衝突し、伊豆半島形成 東西圧縮力により山地隆起	平野の形成

▲日本列島形成年表

出典:『ひとりで学べる地学』清水書院を改変

繰り返されるダイナミックな造山運動

現在の大陸地域は、長期間にわたって地殻変動が比較的穏やかな安定大陸と、変動の激しい造山帯の2つに分けられる。その安定大陸を取り巻くように高い山地を形成している造山帯が分布している。

地球は、次の図に示すように、誕生して間もない先カンブリア時代から現在に至るまで地殻変動を繰り返してきた。

	5.4億年前	2.5億年前	6600万年前	
地質年代	先カンブリア時代	古生代	中生代	新生代
安定陸塊	造山運動		安定、侵食	
古期造山帯		造山運動	安定、侵食	
新期造山帯			造山運動	

▲地球の造山運動期

その歴史を振り返ると、古いほうから先カンブリア時代、古生代、中生代、新生代に分けられ、古生代までに誕生した地殻は安定大陸となっている。

そのいっぽうで、中生代・新生代に始まった造山運動は今も継続しており、活発な地震や火山の活動が繰り返されている。これからも地球上ではダイナミックな造山運動が繰り返されていくのだ。

■島弧型の造山運動のメカニズム

島弧型の造山運動は、まずは海底に厚い堆積物ができることから始まる（図①）。

続いてプレートの動きに伴い、海底に堆積した物質や海洋プレートをつくっている塩基性火成岩（玄武岩類）が大陸地殻の先端部に付加体を形成して、激しく褶曲したり、深所に引きずり込まれたりして広域変成作用を受けたりする（図②）。

その後、プレートの沈み込みに伴い、大陸の先端部の深さ100km付近でマグマが発生する（図③）。

さらに、マグマが上昇し始め、火山活動を起こして地殻の上部に大量の火山岩や花崗岩をつくる。また、マグマの上昇に同時に、周りの地層や岩石も隆起させて山脈を形成する（図④）。

これがプレートテクトニクスから見た島弧型の造山運動のメカニズムである。

褶曲▶地層の横から大きな力が掛かった際に、地層が曲がりくねるように変形する現象のこと。
広域変成作用▶変成作用とは、地殻の内部で、岩石の組織と鉱物組成が、その場所の温度や圧力などの物理的条件、あるいは化学的条件に適合するように再構成されること。その変成作用が地殻の広い範囲で起きることを広域変成作用という。

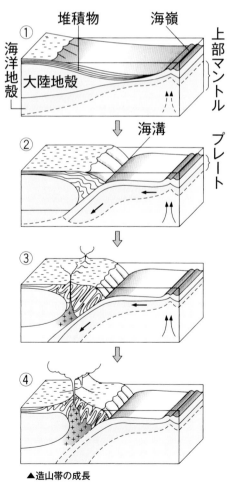

▲造山帯の成長
出典:『ひとりで学べる地学』清水書院

造山運動の4つの特徴

造山運動の特徴をあげると、次のようにまとめられる。

① 造山運動は、大山脈をつくるような大規模な地殻変動である。
② 地殻変動の上下方向の変動量が1万m単位で、ほかの地殻変動の10倍ほども大きい。
③ 造山運動の時間的長さが数千万年から2億年という長い年月の間におよぶので、気候・地形を変化させ、生物の進化にも大きな影響をおよぼす。
④ 造山帯ではマグマの活動が盛んで、重要な地下資源をつくり出している。

COLUMN **過去の造山運動を物語る北アメリカ大陸の岩石の帯状分布**

右の図は北アメリカ大陸の岩石を放射性同位体により年代測定した結果である。この図からわかるように、大陸中央に27億～24億年前の先カンブリア時代の岩石が分布しているが、それを中心に、若い年代の岩石が周辺部に向けて順に分布している。

また地形的には、楯状地（たてじょうち）と呼ばれる、まるで楯を伏せたような緩やかな地形が広がっている。これは長い間安定した状態が続く中、侵食作用が進んで形成されたものであり、いわゆる安定大陸の特徴である。

この楯状地の東南の縁に沿って、細長くアパラチア造山帯が走っている。これは4億年以上前の古生代後半に古アメリカ大陸のプレートと海洋プレートが衝突したことによって形成された褶曲山脈だが、その後、侵食作用を受け続けた結果、今では、ヒマラヤ山脈やエベレスト山脈に比べるとずいぶんなだらかだし、標高も低くなっている。

いっぽう大陸の太平洋側に沿って細長くコルディレラ造山帯が存在している。

この造山帯の東側には、6億年以上前の先カンブリア時代から形成され始めていたロッキー山脈があるが、約1億～6500万年前の中生代に大西洋が広がることで古アメリカ大陸のプレートが西に押され、太平洋側のプレートが大陸の下に沈み込んでいくことで火山活動が活発化。加えて海底にあった古大陸片や古い島弧、あるいは火山島などと大陸の西縁が衝突することで、中生代・新生代にコルディレラ造山帯としての造山運動が盛んになったともされている。現在でも火山活動が活発で、しばしば大きな地震も発生している。

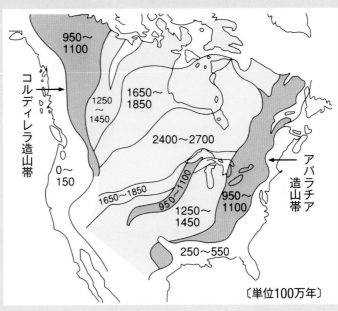

▲北アメリカ大陸の岩石の帯状分布
出典：『ひとりで学べる地学』清水書院

COLUMN 大陸どうしが衝突して形成された山脈と沈み込み帯で形成された山脈

　地球上には多くの山脈が存在するが、ヒマラヤ山脈は、いずれも大陸プレートであるユーラシアプレートとインドプレートの衝突で形成された。衝突が始まったのは5500万～5000万年前の新生代のことだったとされる。その後もインドプレートはユーラシアプレートの下にもぐり込み続け、衝突前にユーラシアプレートとインドプレートの間にあった海に堆積していた地層が褶曲しつつ隆起した。ヒマラヤ山脈では海生生物の化石が発見されるのはそのためだ。

　同様に、アルプス山脈はユーラシアプレートとアフリカプレートの衝突によって形成されたと考えられている。こちらが衝突し始めたのは3000万年ほど前の新生代のこと。また新しい山脈であり、直近の1000年間に800mm隆起、侵食は14mmにすぎないとされている。

　それに対して、北米のロッキー山脈は北米プレートに下に太平洋プレートが沈み込むことによって形成された山脈で、古いところは6億年以上前の先カンブリア時代に、比較的新しいところでも1億～6500万年前の中生代後期に形成された褶曲山脈である。

　また、南米のアンデス山脈も南米プレートの下にナスカプレートが沈み込むことにより形成された褶曲山脈だ。山脈が形成され始めたのは約8000万年前の中生代のことだとされる。このように、海洋プレートと大陸プレートの衝突により沈み込みが生じた場合、大陸プレートどうしの衝突よりも火山活動が盛んだという特徴がある。

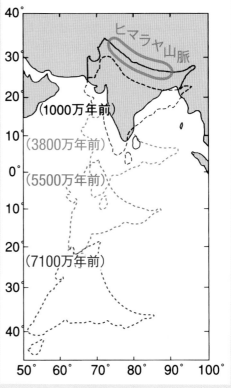

▲インドプレートの移動
出典:『ひとりで学べる地学』清水書院

◀世界の主要山脈の位置

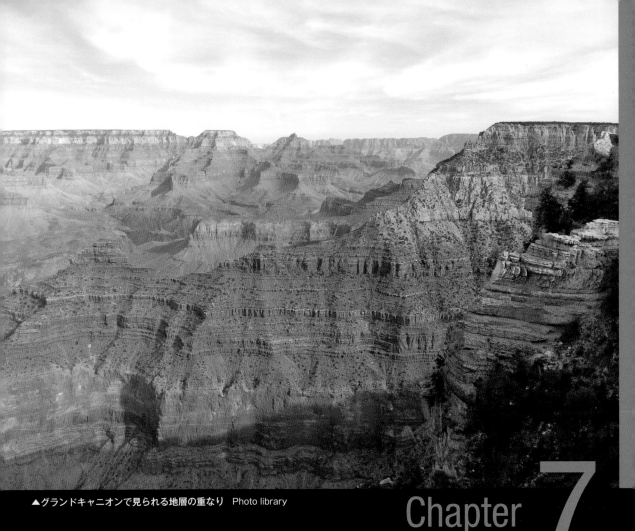

▲グランドキャニオンで見られる地層の重なり　Photo library

Chapter 7

地球を形づくった
火山の力と
水や風による侵食作用

プレートテクトニクスやプルームテクトニクスという地球内部の変動を引き起こすメカニズムがはたらいて地殻の大構造がつくられた。その大構造に上書きして新たな地形をつくったのが、火山活動を伴う造山運動や風雨による侵食作用だ。写真はアメリカのグランドキャニオンの風景。約7000万年前に地殻変動により広域的に隆起し、約4000万年前から、コロラド川による侵食が始まった。現在のような姿となったのは約200万年前のこととされ、谷底では20億年前の地層も見ることができる。

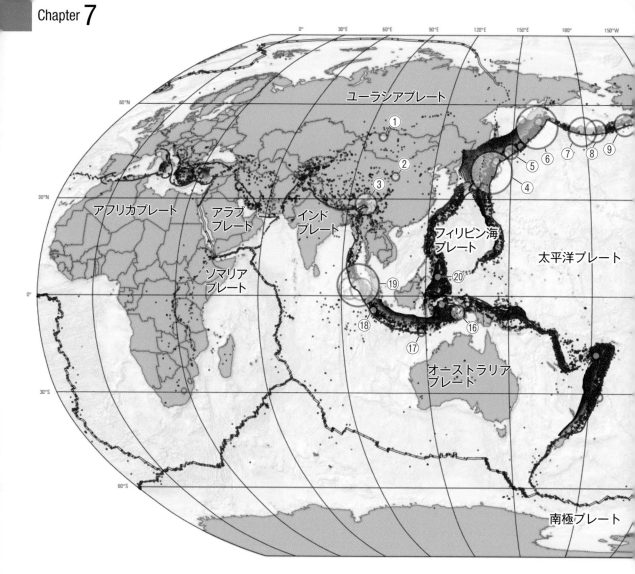

地球は生きている─活発に続いている火山活動と地震活動

　上の地図は、1900年から2018年にかけて起きた地震の分布図。黒い点が地震の震源で、①〜⑳はその期間に起きたマグニチュード8.3以上の地震の発生場所を示している。

　この図に示した地震の発生場所の分布は、火山の分布とおよそ一致している。火山は世界中に分布しているが、特にその多くが帯状に太平洋を取り囲むように分布しており、地震もまた同じように分布しており、両者が深く関係していることがわかる。

■日本は世界有数の火山密集地帯

　この太平洋を取り囲む火山帯は環太平洋火山帯と呼ばれて世界には約1500を数える活火山があるが、そのかなりの数が環太平洋地帯に分布しており、日本にはそのうち約１割が集中している。

　これは、日本が典型的なプレート収束帯に位置しているからである。

　日本の地下ではユーラシアプレート、フィリピン海プレート、北米プレート、太平洋プレートという、４つのプレートがぶつかり合っている。そのため、日本は世界有数の火山密集地帯であると同時に地震多発地帯となっているのである。

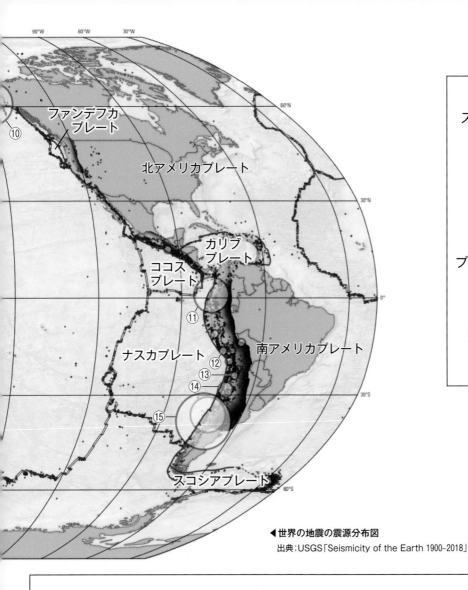

◀世界の地震の震源分布図
出典：USGS「Seismicity of the Earth 1900-2018」

凡例

スラブ深度（Km）

- 60
- 120
- 180
- 220
- 280
- 340
- 420
- 520
- 620
- 700

プレート境界タイプ

沈み込み型

発散型

トランスフォーム型

その他

【1900 ～ 2018 年に起きたマグニチュード 8.3 以上の地震】

①1905年	モンゴル・ボルナイ地震	マグニチュード8.3	⑨1946年	アリューシャン地震	マグニチュード8.6
②1920年	中国甘粛省・海原地震	マグニチュード8.3	⑩1964年	アラスカ地震	マグニチュード9.2
③1950年	アッサム・チベット地震	マグニチュード8.6	⑪1906年	エクアドル・コロンビア地震	マグニチュード8.8
④1933年	昭和三陸沖地震	マグニチュード8.4	⑫2001年	ペルー南部地震	マグニチュード8.4
1946年	昭和南海地震	マグニチュード8.3	⑬1992年	チリ・バレナール地震	マグニチュード8.5
1994年	千島列島沖地震	マグニチュード8.3	⑭2015年	チリ・イヤベル地震	マグニチュード8.3
2011年	東北地方太平洋沖地震	マグニチュード9.1	⑮1960年	チリ・バルディビア地震	マグニチュード9.5
⑤1958年	千島列島沖地震	マグニチュード8.3	2010年	チリ地震	マグニチュード8.8
1963年	千島列島沖地震	マグニチュード8.5	⑯1938年	インドネシア・バンダ海地震	マグニチュード8.6
2006年	千島列島沖地震	マグニチュード8.3	⑰1977年	インドネシア・スンバ地震	マグニチュード8.3
⑥1923年	カムチャッカ地震	マグニチュード8.4	⑱2007年	西スマトラ島沖地震	マグニチュード8.4
1952年	カムチャッカ地震	マグニチュード9.0	⑲2004年	スマトラ島沖地震	マグニチュード9.2
2013年	オホーツク海深発地震	マグニチュード8.3	2005年	ニアス地震	マグニチュード8.6
⑦1906年	アリューシャン諸島地震	マグニチュード8.3	2012年	スマトラ沖地震	マグニチュード8.6
1965年	アリューシャン諸島地震	マグニチュード8.7	⑳2019年	ミンダナオ島地震	マグニチュード8.3
⑧1957年	アリューシャン地震	マグニチュード8.6			

■火山形成のメカニズム

ひと口に火山といってもいろいろなタイプがあり、たとえば存在する場所（テクトニックな環境）に基づくと、海嶺型火山、ホットスポット型火山、そして海溝型火山などがある。

そもそも海嶺とは海洋底に存在している山脈であり、海洋底のほぼ中央に連なっていることから中央海嶺とも呼ばれる。その中でも大西洋の中央を走る大きな海嶺は大西洋中央海嶺と呼ばれている。

海嶺は2つのプレートが接している場所で、横すべりしてお互いに離れていくときにできる亀裂に形成されるが、その際、海洋底にできた亀裂を埋めるようにマグマが上昇してくる。

このマグマはかんらん岩質の岩石が部分溶解してできたもので、マントルの上昇流に伴って圧力が下がり、融点が低下してマントルの岩石が液体状になっていく。この現象を減圧融解という。

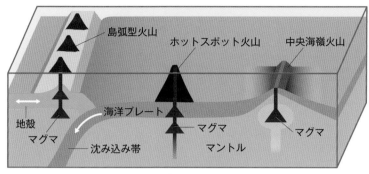

▲火山の種類とできる場所

そして、溶けやすい成分が絞り出されたあとのマントルの岩石は、ハルツバージャイトというかんらん石と直方輝石からなる岩石になる。こうして生成された岩石はマグマとともに上昇を続け、海洋地殻をつくったり、海洋底の火山を形成する。

このような海嶺下では、マントル深部からの上昇流によって、新たなマグマが生成され、固まった海洋地殻を横に押しのけて、新たな海嶺火山や海洋地殻ができる。その下にある部分はマグマを絞り出したあと冷えて硬くなったマントルで、表面の海洋地殻の厚さはわずか5kmほどである。

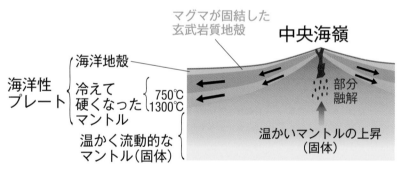

◀中央海嶺でのマグマの発生と海洋地殻の誕生

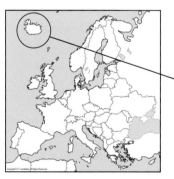

▶アイスランドの地溝帯
アイスランドはプレートがお互いに離れつつある場所にある。
■が地溝帯

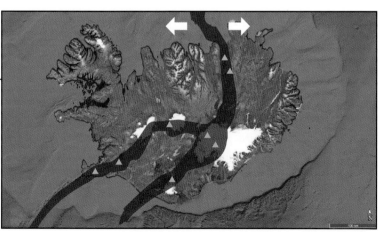

地図：Google Earth

このような海嶺火山のほとんどは海洋底に存在しているが、珍しく地表で見られるのがアイスランドである。アイスランドは大西洋中央海嶺の真上に位置しており、ホットスポットと同様にマントル深部からのマグマの供給も加わって、マグマの供給量が多く、大西洋中央海嶺が海上に姿を現した火山島だ。玄武岩質マグマが噴火する割れ目噴火が盛んに起きているほか、ギャオ（アイスランド語でgjá）と呼ばれる大地のひび割れ（地溝帯）があることでも知られている。

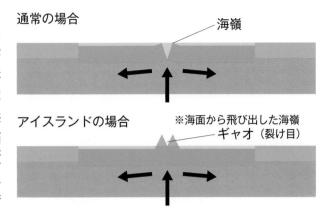

通常の場合

海嶺

アイスランドの場合

※海面から飛び出した海嶺
ギャオ（裂け目）

▲ギャオの構造図

◀アイスランドの火山活動（割れ目噴火）
アイスランドのヴァトナヨークトル国立公園にあるバルダルブンガ山の噴火の様子。
iStock ©PedroCarrilho

COLUMN　深海の「熱水噴出孔」

　深海において地熱で熱せられた水が噴出している大地の亀裂や煙突状の沈殿物からなる構造物を熱水噴出孔と呼んでいる。その多くは火山活動が活発なところで発見されている。

　海底から噴出する熱水には金属原素などが含まれており、熱水や海水の溶存成分と反応して黒色や白色の煙が吹き出しているように見えることから「ブラックスモーカー」や「ホワイトスモーカー」などと呼ばれることもある。

　熱水噴出孔周辺では、バクテリアやチューブワームなどが生息、生物活動が活発である。それらの生物は、噴出する熱水中に溶解した熱、メタン、硫黄化合物などをエネルギー源とし、太陽エネルギーにまったく依存せずに生きるという複雑な生態系が成立しており、地球生命体の起源を探る研究が進められている。

▶熱水噴出孔（ブラックスモーカー）
©OAR/National Undersea Research Program (NURP); NOAA

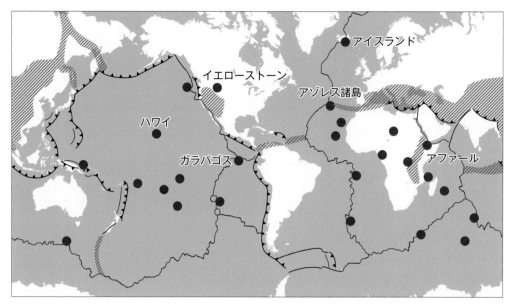

▲世界の主なホットスポット
参考：アメリカ地質調査所（USGS）ホームページ「代表的なホットスポット」

■海洋底から成長しているホットスポット型火山

前述した火山帯と並んで世界の火山学者が注目しているのがホットスポットの存在だ。マントルの深部からマントル物質が上昇し、地表まで直接到達しているところをホットスポットと呼んでいるが、そのメカニズムを調べることで、地球内部の動きがより解明できるからである。

ホットスポットの分布を見ると、そのほとんどが海洋底に存在していることがわかる。こうしたホットスポットは地球内部のダイナミックな動き（マントルプルームの上昇）によって生み出されていることが、近年の研究でわかってきた。

このホットスポットで形成されているのがホットスポット型火山であり、減圧融解によって玄武岩質となったマグマが噴き出しており、海底火山が成長して火山島をつくる。

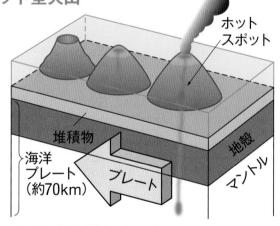

▲ホットスポット型火山のイメージ
ホットスポットの位置は変わらないとされている。そのホットスポット上で形成された海底火山や火山島が、プレートに動きに伴い移動していく。
出典：『ひとりで学べる地学』清水書院

代表的な例が太平洋の真ん中に存在しているハワイ諸島や先に述べたアイスランドだ。ハワイ島には、コハラ、マウナ・ケア、フアラーライ、マウナ・ロア、キラウエアなどの火山が存在しているが、いずれもホットスポット上にできた海底火山が成長したものである。

ちなみに、島の中央に位置するマウナ・ケアの標高は4205mだが、海洋底からの高さは1万203mもあり、半分以上は海面下に沈んでいる。

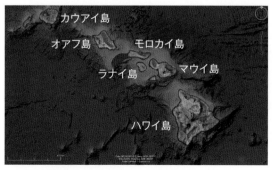

▲ハワイ諸島周辺の海洋底地形　　地図：Google Earth

◀ハワイのキラウエア火山
　キラウエア火山は約10万年前に海面
　上に姿を現したとされる。現在も連
　続的に噴火を続けており、大量のマ
　グマを流出させている。

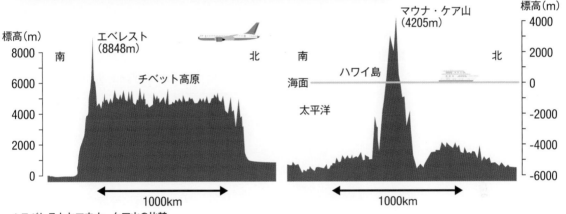

▲エベレストとマウナ・ケア山の比較
マウナ・ケア山の海洋底からの高さを見ると、エベレストよりも高くなる。

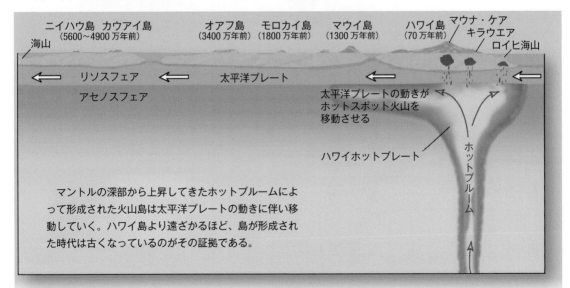

　マントルの深部から上昇してきたホットプルームによ
って形成された火山島は太平洋プレートの動きに伴い移
動していく。ハワイ島より遠ざかるほど、島が形成され
た時代は古くなっているのがその証拠である。

▲ハワイ諸島の形成プロセス
原図出典：USGSホームページ　©Joel E.Robinson（USGS）

■海溝沿いにできる火山

海洋プレートは前述したように大陸プレートより比重が重い。そのため2つのプレートが衝突すると、海洋プレートが大陸プレートの下に沈み込む。その場所を沈み込み帯といい、海洋底には海溝（かい）が形成されている。

この沈み込み帯からマントル内に入り込んだ海洋プレートはスラブ（Slab）と呼ばれる。スラブとは「平たい板」という意味で、沈み込むプレートが平たい板状になっていることからこの名がつけられた。

95ページでも説明したように、スラブは大量の水を含んでいて、地球内部に水を供給していることがわかってきている。

ただし、水といっても液体の水ではない。液体の水は岩石と比べて軽いため地球の深くに入り込むことができない。実際には、水は岩石と反応し

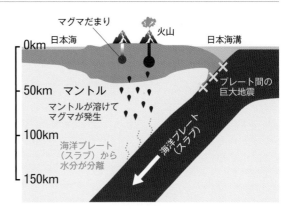

▲海溝沿いの火山の噴火のメカニズム

て含水鉱物（がんすい）となって地球内部へと運ばれている。

このスラブが深さ100kmほどまで沈み込むと、熱と圧力の上昇によって含水物質が分解して水が遊離する。その水を、マントルを構成している岩石が吸収することで融点が下がる。これを融点降下（ゆうてん）というが、その結果、マントルの一部が融解してマグマとなる。

そのマグマは上昇して、地下20〜30kmでいったんマグマだまりを形成するが、火口が開いてマグマが上昇し、圧力が減少すると、マグマは一気に発泡すると同時に体積が増加して地表に噴き出して火山を形成する（発泡が少ない場合には溶岩流として噴出する）。

こうして誕生する火山は海溝軸にほぼ平行に分布するが、火山分布の海溝側の境界を結ぶ縁を火山フロント（火山前線）と呼ぶ。このようにプレートの沈み込みによって形成される火山が島弧型火山（とうこがたかざん）である。

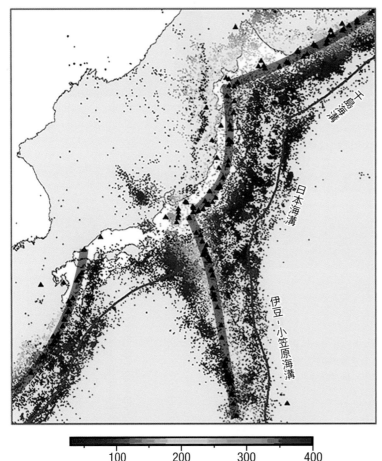

◀**日本の活火山分布と地震発生分布**
出典：政府 地震調査研究推進本部ホームページ
「火山フロントと沈み込み帯」を改変

活火山（▲）の分布
活火山は海溝と平行に並んでいる。点は震源を示し、色は震源の深さを表す。（気象庁一元化震源）

100　　200　　300　　400
震源の深さ〔km〕

　火山フロント

福徳岡ノ場の大噴火

　2021年8月に11年ぶりに噴火が確認された硫黄島（いおうとう）の南にある福徳岡ノ場（ふくとくおかのば）も広い意味で島弧型火山のひとつだ。有史以来たびたび噴火しており、明治以降も1986年までに、噴火が少なくとも7回確認され、3回は海上まで盛り上がって島を形成していたが、波に削られて海没。2021年8月に戦後最大級の規模の海底噴火が発生して、新島が形成されたものの、2022年1月6日に、海没したことが確認された。

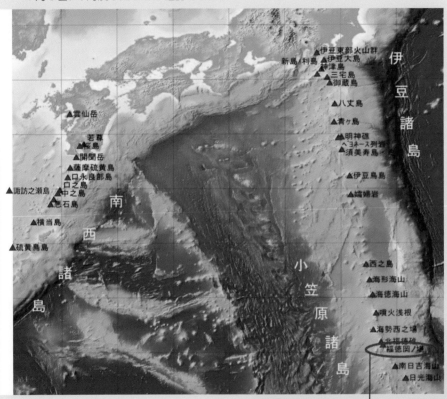

▲1986年1月の福徳岡ノ場の噴火
出典：海上保安庁ホームページ

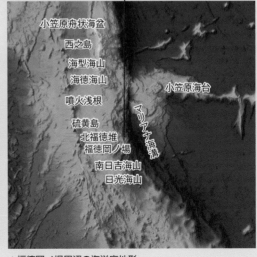

▲福徳岡ノ場周辺の海洋底地形
出典：海洋状況表示システム（https://www.msil.go.jp）

■注目すべき世界のホットスポット

◪ 地上に直接姿を現した巨大ホットスポット「イエローストーン」

アメリカのアイダホ州、モンタナ州、ワイオミング州にまたがるイエローストーン国立公園は、8980km²にわたって広がっているが、公園全体がマントル深部のホットプルームが上昇して形成した大規模なホットスポットである。

210万年前、130年前、64万年前に、大規模なカルデラ形成を伴う破局噴火を起こしたとされ、現在でも数百か所から熱水が噴き上げられている。また、イエローストーン国立公園を乗せた北アメリカプレートは南西方向に1年間に約4cm移動しているので、イエローストーンの南西方向にはプレートの動きに平行して多くの噴火口跡が存在している。このイエローストーン国立公園の地下20~50kmには、東西80km、南北40kmのマグマだまりがあるとされ、今もホットプルームからマグマの供給は続いている。

▲アメリカのイエローストーン国立公園

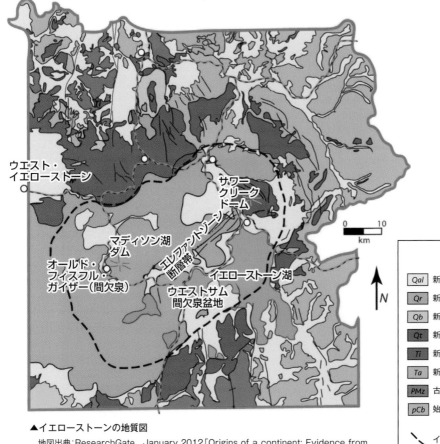

▲イエローストーンの地質図

地図出典：ResearchGate　January 2012「Origins of a continent: Evidence from a research experience for undergraduates program in Yellowstone」

凡例

Qal	新生代第四紀の沖積層
Qr	新生代第四紀のカルデラ跡、流紋岩
Qb	新生代第四紀の玄武岩
Qt	新生代第四紀の凝灰岩
Ti	新生代始新世層のマグマからの貫入岩塊
Ta	新生代始新世、アブサロカ山脈
PMz	古生代・中生代の堆積岩
pCb	始生第の花崗岩・片岩

╲╱ イエローストーンカルデラ境界線

2 空振による津波を引き起こした 「フンガ・トンガ＝フンガ・ハアパイ」

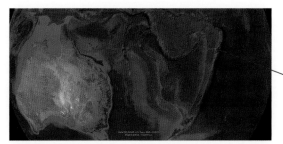

▲フンガ・トンガ＝フンガ・ハアパイの位置　地図：Google Earth

2022年1月には南太平洋のトンガ諸島近くにある海底火山フンガ・トンガ＝フンガ・ハアパイが破局的大爆発を起こし、わずかに海上に姿を見せていた山頂部を吹き飛ばした。高度17kmにも達する火山灰雲を噴き上げ、噴火によって生じた衝撃波（空振）による津波が日本にも到達した。

▲NOAAの気象衛星GOES17号がとらえた
フンガ・トンガ＝フンガ・ハアパイの海底爆発
©NOAA

3 世界最大級の海台「オントンジャワ海台」

過去の地球では何度も大規模なホットスポットの活動があり、その過程で巨大な玄武岩質の海台（溶岩台地）がつくられた。その中でも世界最大といわれているのが、ソロモン諸島の北に位置するオントンジャワ海台である。

ほとんどが玄武岩からなる海底火山起源の海台で、面積は約160万km²と日本の国土面積の約4倍。平均水深は2000〜3000mで、最高点は水深1700mに達している。この海台は、約1億2000万年前の白亜紀に起きた激しい火山活動によって形成されたが、そのときの火山活動で地球環境が激変して温暖化が進み、海洋生物の大量絶滅を引き起こしたとされている。

東京工業大学の研究チームが、このオントンジャワ海台の海底地震観測を実施して、その成果を2021年に発表しているが、オントンジャワ海台のプレートの底が周囲より約40km深いことを明らかにしている。さらにオントンジャワ海台の岩石学的な研究結果も考え合わせ、オントンジャワ海台の火山活動は地球深部から上昇してきたスーパ

ーホットプルームによるものであり、地表に噴出したマグマの溶け残りが海台に貼りついてプレートが厚くなったとしている。

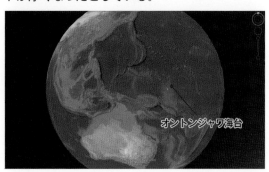

▲オントンジャワ海台の位置　地図：Google Earth

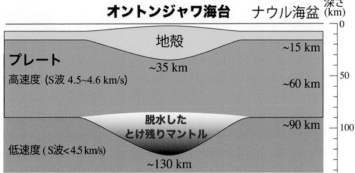

▲オントンジャワ海台の地下構造
出典：東京工業大学ホームページ
東工大ニュース「地球上最大の巨大海台はなぜできたか？」2021.6.1

■そもそも火山活動とは何か

世界の各地でマグマが地殻を貫いて溶岩・火山ガス・火山砕屑物（さいせつぶつ）などを噴出している。その噴出物は火口の周辺に堆積（たいせき）し、高まりのある山を形成する。それが火山であり、火山噴出物には次のようなものがある。

①火山ガス

マグマの中の揮発性物質（きはつせい）が火山ガス（気体）として噴出する。その成分は90%が水蒸気だ、そのほかにCO_2（二酸化炭素）、SO_2（二酸化硫黄）、H_2S（硫化水素）、CO（一酸化炭素）、HCL（塩化水素）、CH_3（メチル）、H_2SO_3（亜硫酸）などがある。

②溶岩

火山によっては火山噴出物の大半を占め、噴出時の温度はおよそ900〜1200℃で、冷え固まって火山岩（火成岩の一種）となる。溶岩の比重は2.4〜3.2ほどである。

③火山砕屑物

火山砕屑物とは噴火のときに飛び散った岩片のことで、火山岩塊（がんかい）、火山礫（れき）、火山灰（ばい）、火山砂（さ）、浮石（軽石）（せき・かるいし）、スコリアなどが見られる。また、それ以外に特定の形をした火山弾もある（火山岩塊よりも小さく、球形、卵形、紡錘形（ぼうすいがた）などがある）。

スコリア▶主に玄武岩質のマグマが噴火の際に地下深部から上昇し、減圧することによってマグマに溶解していた水などの揮発成分が発泡したため多孔質（こうしつ）となったもの（黒色の軽石）。

④火砕流

火砕流（かさいりゅう）は噴火によって生じ、火山砕屑流ともいう。火山灰の多い火山灰流、軽石の多い軽石流、主にスコリアからなるスコリア流などがある。また、固体成分が少なく、主としてガスからなるものを火砕サージと呼ぶこともある。

▲雲仙・普賢岳の噴火（1990年）で発生した火砕流
出典：雲仙砂防管理センターホームページ「災害画像集」

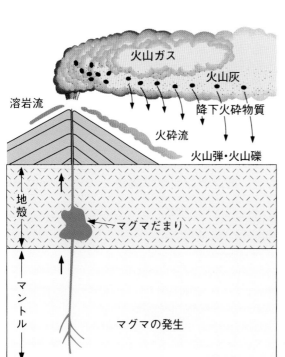

◀主な火山噴出物
出典：『ひとりで学べる地学』清水書院

POINT マグマの性質の違いで、噴火の様式や火山の形も違う

代表的な噴火の形式と主な火山地形

噴火の形式は噴出するマグマの性質と深い関係がある。そのマグマが冷えて固ったものや溶けた状態のものが溶岩だが、粘性が小さく、流動性のあるSiO_2（二酸化ケイ素）の量が少ない苦鉄質（玄武岩質）の溶岩の場合は穏やかな噴火をし、粘性が大きく、流動性の小さいSiO_2量の多い珪長質溶岩の場合は、しばしば大爆発を起こす（苦鉄質岩と珪長質岩については128ページ参照）。

①ハワイ式噴火

流動性に富んだ大量の溶岩が、噴火を伴わず、火口から静かに流れ出す。溶岩池をつくることがある。溶岩台地や楯状火山を形成する。例；ハワイのマウナ・ロア、キラウエアなど。

◀キラウエアの噴火
で流れ出す溶岩
出典：アメリカ地質
調査所（USGS）

②ストロンボリ式噴火

流動性に富む溶岩の流出、小爆発などをしばしば繰り返す火山。楯状火山や成層火山を形成する。

このタイプの大規模なものをプリニー型噴火とも呼ぶ。噴煙柱は成層圏まで達し、大規模な火砕流が発生する。ローマ時代にポンペイを襲ったベスビオ火山の大爆発や富士山の宝永大噴火などがそうである。

例：イタリアのストロンボリ火山、日本の三原山、阿蘇山中岳など。

▶ストロンボリ火山
出典：Wikipedia
ⒸWolfgang Beyer

③ブルカノ式噴火

溶岩の粘性が強く、爆発的な噴火を起こす。多くの噴出物を空中に舞い上げ、砕屑丘を形成する。日本の火山にはこの形式のものが多い。例：イタリアのブルガノ火山、日本の桜島、浅間山、普賢岳など。

◀桜島の噴火
出典：鹿児島県
観光サイト
かごしまの旅

④プレー式噴火

溶岩が火口に盛り上がったり、固まった状態で火口からせり上がったりして溶岩円頂丘、鐘状火山などの溶岩ドームや、火山岩尖などを形成、活動中の溶岩ドームの一部あるいは全体が崩壊して火砕流が発生する。

例：インドネイアのムラピ山、アメリカのセント・ヘレンズ山、日本の昭和新山など。

▲昭和新山　出典：Photolibrary

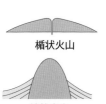

楯状火山

溶岩台地

成層火山

鐘状火山
（溶岩円頂丘）

火山岩尖

マール

◀代表的な火山の形
出典：『ひとりで学べる地学』
清水書院

COLUMN 鬼界カルデラの大噴火

日本の巨大な鬼界カルデラ

　薩摩半島から約50km南の大隅海峡に薩摩硫黄島がある。島自体が硫黄岳という活火山であり、今も噴火を繰り返している。また、硫黄島の東方には竹島があるが、これらは海底に沈んでいるカルデラの外輪山のてっぺんが海上に姿を見せているものである。

　水深400〜500mの海底には、東西約21km、南北約18kmの巨大な鬼界カルデラが存在しており、その中央には世界最大規模の溶岩ドーム（直径約10km、高さ約600m、体積約40km³）が存在していることも確認されている。

　この鬼界カルデラは先史時代から複数回の超巨大噴火を起こしてきたが、約7300年前の大噴火の際にはアカホヤと呼ばれる火山灰が東北まで、火砕流も海上を走って九州南部に到達した。その結果、九州で縄文文化を築いていた人々の生活環境が激変し、集落の多くが壊滅したと考えられている。

　　　　　竹島
薩摩硫黄島
中央火口丘
カルデラ床
外輪山　　侵食されたと考えられる谷地形

▲鬼界カルデラの海底図
出典：海上保安庁ホーム
「鬼界カルデラ 火山調査連報 平成20年10月15日」

▲硫黄島全景
出典：海上保安庁ホームページ「海域火山データベース」

分布限界
20cm
30cm
降り積もった火山灰の厚さ
鬼界カルデラ
火砕流分布域

◀鬼界カルデラが噴出した火砕流の分布域と降り積もった火山灰の厚さ分布
参考：『新編 火山灰アトラス─日本列島とその周辺』東京大学出版会

インドネシアのタンボラ火山とクラカトア火山

　いっぽう、1815年に起きたインドネシアのスンバワ島にあるタンボラ火山の大噴火は、記録の残る中では人類史上世界最大の火山噴火だとされている。その噴火は、ラプリニー噴火を超えるウルトラララプリニーと呼ばれる破局噴火で、ローマ時代にポンペイを壊滅させたベスビオ山噴火の約20倍だったとされている。

破局噴火▶地下のマグマが一気に地上に噴出する壊滅的な噴火形式のこと。地球規模の環境変化や大量絶滅の原因となるレベルの噴火を意味する。

▲タンボラ火山とクラカトア火山の位置

　タンボラ火山の大噴火では約30k㎥の山体が消失。直径6km、深さ1100mの巨大カルデラが形成され、タンボラ火山の標高は4000mから2850mへと低下した。噴火に伴う爆発音は1500km以上離れた場所まで届いたという。そのとき噴出したマグマの量は東京ドーム10万杯分。発生した大火砕流は、25km離れた村を襲って集落ごと壊滅させ、海に流入して大津波を発生させ、約1万人もの人が犠牲になった。また噴煙は成層圏まで達し、火山性エアロゾルとなって日射を遮り、世界の平均気温が約1.7℃低下して世界中が"火山の冬"と呼ばれる寒冷化に見舞われた。そのため、食糧難やコレラなどの疫病が蔓延するなどし、世界中で10万人を超える犠牲者が出たとされている。ナポレオンがワーテルローの戦い（1815年）で敗れた原因のひとつは、タンボラ火山の爆発によって引き起こされた大雨のせいだったとする研究者もいる。

▲タンボラ火山の山頂

　その後、1883年にやはりインドネシアで起きたクラカトア火山の巨大噴火は、タンボラ大噴火の約4分の1のスケールだったが、それまであった3つの島のうちラカタ島は、最南端にあったラカタ山だけを残して北側の大半が消失。火砕流が海上を越えて40km離れたスマトラ島まで到達、津波などによる死者は3万5000人を超えた。ちなみに、この爆発により東京で1.45hＰａの気圧の上昇が記録され、津波は鹿児島市の甲突川まで到達。成層圏まで達した噴煙のせいで北半球全体の平均気温が0.5〜0.8℃降下した。

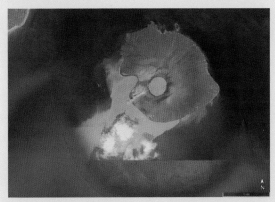
▲クラカトア火山の山頂

地図：3点ともGoogle Earth

火成岩の成り立ちを知ろう

　マグマは地表に流出したり地下深所の地盤の弱いところに入り込んだりして、そこで冷却されて火成岩をつくる。火成岩は細かく分けると約700もの種類があり、地球の地殻を構成する岩石のかなりの部分は、基本的にマグマが冷えてできる火成岩によって成り立っている。

■火成岩のできる場所

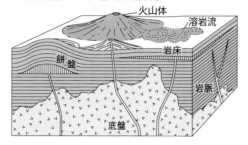

▲火山の構造
出典：『ひとりで学べる地学』清水書院

①火山体

　地殻の深部にあったマグマが地表または水中に噴出することによってできる特徴的な地形。溶岩流や火山噴出物により、長い年月をかけて形成される。

②岩脈

　マグマが地層中の割れ目などに貫入し、冷却・固結したもの。

③岩床

　マグマが地層と平行に貫入し、冷却・固結したもの。シートともいう。

④餅盤

　マグマが地層の境目に貫入して、地下の一部に鏡餅のような産状を示すもの。最大の厚さが数百mにおよぶこともある。

⑤底盤

　地下に存在する岩体で面積が数百km²におよぶ大規模なものは、周囲の岩石に熱変成を与える。花崗岩から斑糲岩までいろいろな組成を持つ貫入岩体あるいは貫入岩体の集合体。

■火成岩の生成場所と組織

　マグマは溶岩として地表または地表付近に噴出して火山岩を形成するばかりではなく、地下深所で冷却・固結して深成岩を形成する。この2つを合わせて火成岩というが、一般に、等粒状組織を持つ岩石を深成岩、斑状組織を持つ岩石を火山岩というが、中間的な組織を持つものもある。

①等粒状組織

　マグマが地下の深いところにあるマグマだまりやその周辺でゆっくり冷却され、固まったときにできる組織。鉱物は比較的大きく、大きさもそろっている。

②斑状組織

　地下の深いところに比べて温度が低い地表や地表付近で、マグマが急激に冷却されることでできる斑晶（比較的大きな結晶）と、石基（主として結晶になりきれなかったガラス質や細かい結晶からなる組織）からなる。斑晶の周囲を細粒またはガラス質からなる石基が取り囲んでいる。

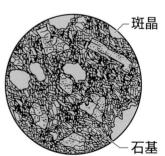

出典：『ひとりで学べる地学』清水書院

■火山岩に見られる特徴

溶岩（火山岩）の温度が下がると、収縮作用がはたらき、規則的な割れ目が発達する。これを節理という。表面部分に柱状の割れ目が発達したものを柱状節理、平行（板状）に発達したものを板状節理という。

▲東尋坊（福井県坂井市）の柱状節理
出典：福井県観光 写真素材集

▲番所大滝（長野県松本市）周辺で見られる板節理
出典：Photolibrary

COLUMN 火成岩の産状と組織との間にはどのような関係があるのか？

マグマが底盤や餅盤などの中心部でゆっくり冷えると等粒状組織の深成岩になり、溶岩など地表近くで急激に冷えると斑状組織の火山岩になりやすい。

下図は岩脈の断面で、中心部と外側では組織の違いが生じるようすを表したものである。外側（堆積岩に近い部分）は急冷されるので斑状組織となり、中央部はゆっくり冷えるので等粒状組織となる。

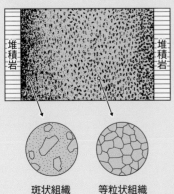

斑状組織　等粒状組織

◀岩脈や岩床の組織の違い

また、岩石が生成される場所の環境によって、中に含まれる鉱物の形も変わってくる。結晶本来の形になったものを自形結晶、すき間に入り込むなどして、他の鉱物などにじゃまされて不規則な形になったものを他形結晶と呼んでいる。一般に、火山岩の鉱物は自形結晶となるが、深成岩は他形結晶となることが多い。

▲自形結晶と他形結晶

出典：『ひとりで学べる地学』清水書院

■火成岩をつくっている鉱物

地殻を構成する岩石は、鉱物の集合体であり、次の条件を満たしていたものを鉱物と呼んでいる。

①天然に産出するもの
②無機質であるもの
③化学成分が一定であるもの
④物理的性質・化学的性質が
　どの部分を取っても均質であるもの

物理的性質とは、比重、硬度、条痕色、へき開、磁性、色、光沢などをいう。

また、鉱物に強いX線や電子線を当てて、発生する蛍光X線のスペクトル分析を行うことで化学組成を調べることにより、鉱物の化学的性質を知ることができる。

条痕色▶鉱物を粉末にした場合に呈する色彩。
へき開▶結晶に機械的な力を加えると特定の結晶学的な面に沿って割れ，平滑な面が出現することがある。これをへき開という。

■火成岩の造岩鉱物

地球上の大多数の岩石を構成する鉱物のことを総称して造岩鉱物と呼ぶ。鉱物の数は現在までに世界で約4700種、日本では 約1000種が見つかっているが、そのうち火成岩の造岩鉱物として主要なものはわずか数十にすぎず、ほとんどの岩石はほぼそれらの造岩鉱物の様々な組み合わせでできている。造岩鉱物は大きく無色鉱物と有色鉱物の2種類に分けられる。

①無色鉱物

鉄（Fe）やマグネシウム（Mg）が少なく二酸化ケイ素（SiO_2）やアルミニウム（Al）が多いため、白色ないし無色でガラスのような光沢がある。石英、長石（カリ長石、斜長石）などがある。

②有色鉱物

鉄やマグネシウムを多く含み、二酸化ケイ素が少ないため、黒色～黒緑色、またはオリーブ色をした鉱物で雲母、角閃石、輝石、かんらん石などがある。

岩石は、それらの鉱物が組み合わさって構成されるため、それぞれの鉱物の多少によって、色が淡色であったり、濃色になったりする。

色	無～白色 ガラス光沢	白色不透明	黒色・真珠光沢	黒～緑色	黒～緑色	ガラス光沢 オリーブ・黄～褐色
	六角柱状	長方形状	六角板状	四・六角柱状 へき開125°	正方・八角短柱状 へき開90°	短柱状
形	石英	長石	雲母	角閃石	輝石	かんらん石

▲主な造岩鉱物の色と形
出典：『ひとりで学べる地学』清水書院

■火成岩の鉱物組成は化学組成によって決まる

火成岩の鉱物組成は、マグマの化学組成とマグマから晶出（結晶化すること）する鉱物の化学組成によって決まる。下の表に示すとおり、火成岩を構成する主な成分は二酸化ケイ素（SiO_2）が大半を占めている。

石英や長石などの無色鉱物を多く含む岩石（たとえば花崗岩）は、二酸化ケイ素の含有量が多くなり、有色鉱物を含む岩石（たとえば玄武岩）は二酸化ケイ素の含有量が少なくなる。

また下右のグラフに示すように二酸化ケイ素を多く含む火成岩は、鉄（Fe）、カルシウム（Ca）、マグネシウム（Mg）などの酸化物が少なく、二酸化ケイ素の含有量の少ない火成岩は鉄、カルシウム、マグネシウムの酸化物が多くなる。火成岩の鉱物組成は、このように化学組成が関係している。

■ 火成岩（玄武岩と花崗岩）を構成する主な元素

化学成分名	玄武岩	花崗岩
二酸化ケイ素：SiO_2	45.8%	72.1%
酸化アルミニウム：Al_2O_3	14.6%	13.9%
酸化鉄（Ⅲ）：Fe_2O_3	3.2%	0.9%
酸化鉄（Ⅱ）：FeO	8.7%	1.7%
酸化マグネシウム：MgO	9.4%	0.5%
酸化カルシウム：CaO	10.7%	1.3%
酸化ナトリウム：Na_2O	2.6%	3.1%
酸化カリウム：K_2O	1.0%	5.5%
その他	4.0%	1.0%

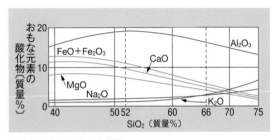

▲SiO_2と他の元素の含有量
出典：『ひとりで学べる地学』清水書院

■深成岩における造岩鉱物の組み合わせ

深成岩は火成岩の一種である。マグマが地下深いところでゆっくり冷えて固まったもので、地球深部で多く生成されることから、その名がつけられた。深成岩（等粒状組織）について見てみると、

火成岩の鉱物の組み合わせは下の図に示すように、無色鉱物と有色鉱物がどのように組み合わさるかによって決まっている。

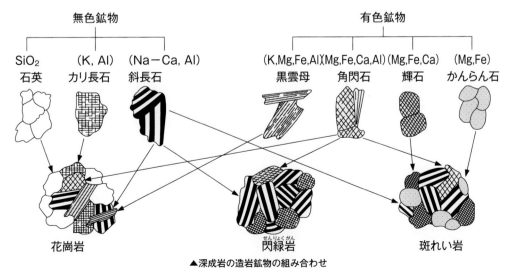

▲深成岩の造岩鉱物の組み合わせ

COLUMN **造岩鉱物の性質**

　造岩鉱物には、固溶体（こようたい）の性質を持っているため、化学組成に幅のあるものや、同質異像（どうしついぞう）といって、化学成分が同じでも結晶構造が異なるものがある。

　固溶体とは2種類以上の元素が互いに溶け合い、全体が均一の固相（こそう）（固体状態である相）となっているものをいい、石英（せきえい）を除く大部分の造岩鉱物は固溶体である。

　いっぽう、同質異像とは化学成分が同じでも結晶形や物理的性質の異なる鉱物のこと。地下の温度や圧力の状態によって結晶内の粒子の

配列が異なってくるために生じる。多形ともいう。

　たとえば石墨（せきぼく）とダイヤモンドはどちらも炭素（C）からできているが、原子配列は異なっている。ダイヤモンドのほうが密な原子配列となっている。それを高圧変態という（高圧下で安定しており高圧相ともいう）。それに対して石墨の原子配列は、炭素が常圧下で安定した状態の常圧下変態（常圧相）にある。そのため、同じ炭素からできているにもかかわらず、石墨とダイヤモンドでは結晶の形も物理的な性質もまるで違ってくるのだ。

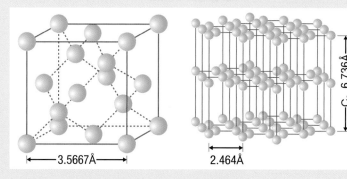

◀ダイヤモンドの炭素原子配列（左）と石墨の炭素原子配列（右）
Å（オングストローム）は10^{-10}m

　また火成岩の主要成分である二酸化ケイ素の場合、常温・常圧下ではSiO_2という形ではほとんど存在しない。

　ケイ素（Si）と酸素（O）の結合力が極めて強いために、ケイ素イオン（Si^{4+}）の4本の結合手のすべてが、4個の酸素イオン（O^{2-}）と結合してしまうからだ。

　そのため、火成岩に含まれる二酸化ケイ素の化学式は例外なくSiO_4となっており、四面体の基本構造になっている。

　そして、かんらん石の場合は、その基本構造の間にマグネシウム（Mg）イオン、または鉄（Fe）イオンが入り込んでいる。

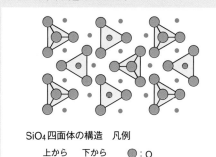

SiO₄四面体の構造　凡例

上から　下から　　●：O
　　　　　　　　　●：Si
　　　　　　　　　●：Mgイオンまたは
　　　　　　　　　　Feイオン

▲かんらん石の構造
出典：『ひとりで学べる地学』清水書院

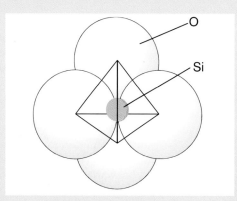

▲SiO₄の基本構造

　こうした造岩鉱物の構造は、種類によって違っている。たとえば長石類の場合は、立体構造の骨組みの空間が大きいため、カリウム（K）、ナトリウム（Na）、カルシウム（Ca）などのイオンが入り込んでいる。

【火山灰に含まれる代表的な造岩鉱物】

❶石英 標本産地：岐阜県高山

無色で不規則に割れる。花崗岩などの珪長質の岩石に含まれる。

❷長石（斜長石） 標本産地：岐阜県高山

白色か灰白色で特定の面で割れやすい（へき開）。ほとんどすべての火成岩に含まれる。

❸雲母（黒雲母） 標本産地：岐阜県高山

黒色か赤茶色で、一定の方向に薄くはがれる。六角板状の形態を示す。

❹角閃石 標本産地：岐阜県高山

黒色か濃い褐色で、長い柱状の形をしている。一定の向きに割れ目ができる。

❺かんらん石 標本産地：米国アリゾナ州サンカルロス

透明で薄緑色の鉱物。苦鉄質の火成岩に含まれる。

❻磁鉄鉱 標本産地：鹿児島県曽於郡

黒色で表面が光っている。磁石につく。きれいなものは八面体を示す。

❼輝石 標本産地：鹿児島県曽於郡

濃い褐色で柱状の形態。角閃石よりも透明感がある。

❽輝石 標本産地：米国アリゾナ州サンカルロス

かんらん石よりも濃い黄緑色で半透明。

写真提供：川上紳一　岐阜聖徳学園大学教育学部教授

■火成岩の分類

SiO₂の含有量〔%〕		45		52		66	
岩石の分類		超塩基性岩	苦鉄質岩（塩基性岩）		中性岩		珪長質岩（酸性岩）
斑状↑（組織）↓等粒状	火山岩		玄武岩		安山岩		流紋岩
	深成岩	かんらん岩	斑れい岩		閃緑岩		花崗岩
造岩鉱物	無色鉱物 有色鉱物 その他	かんらん石	輝石		斜長石 角閃石		石英 カリ長石 黒雲母
色指数		（黒っぽい）　70		35		15	（白っぽい）
比重		約3.2 ◄				►	約2.7

出典：『ひとりで学べる地学』清水書院

　火成岩の分類は上図のように示されるが、火山岩と深成岩は分類の概念が違う。火山岩は二酸化ケイ素の含有量で分けるのに対し、深成岩は鉱物の種類と比率で分類されている。そのため、たとえば玄武岩に対してかんらん岩や斑れい岩、安山岩に対して閃緑岩、流紋岩に対して花崗岩が必ずしも対応しているとは限らない。肉眼による火成岩の鑑定は、次のような点に注目して行うとよい。

①岩石の色を見る

　岩石は有色鉱物の割合や結晶の大きさによって色合いが変化する。苦鉄質岩は有色鉱物の割合が多く、色指数が大きくなる傾向がある。それに対し、珪長質岩は色指数が小さくなる傾向がある。また、その中間の色指数を示す火山岩は中性岩と呼ばれる。

②造岩鉱物を調べる

　上の表のように、石英・黒雲母を多く含めば珪長質岩、かんらん石・輝石を多く含めば苦鉄質岩、

それ以外は中性岩である。

③組織を見る

　肉眼ではっきり見える結晶（2～5㎜の粒子）がぎっしりつまっていたら深成岩、結晶があまり見えなければ火山岩である。

苦鉄質岩▶SiO₂が52%未満の火成岩で鉄やマグネシウムを多く含む。古くはマグネシウムのことを苦土と呼んでいたことから、この名がつけられた。鉱物は斜長石、輝石、かんらん石。有色鉱物が多く含まれるために色は黒っぽくなる。
色指数▶有色鉱物の量を%で表した値（有色鉱物の体積÷岩石全体の体積×100）で、火成岩の分類の基準とされることもあるが、色指数と種類は対応しないケースも多い。20%未満は流紋岩・花崗岩、20～40%は安山岩・閃緑岩、40%以上は玄武岩・斑れい岩。
珪長質岩▶SiO₂が66%以上含まれる火成岩。鉄やマグネシウムに乏しく、アルミニウム、カルシウム、カリウムなど多く含む。岩石鉱物は石英、カリ長石、雲母。無色鉱物が多く含まれるため色は白っぽくなる。
中性岩▶SiO₂が52～66%の火成岩。鉱物は主に角閃石、斜長石。

 5% 15% 35%   55%

▲色指数と岩石中の有色鉱物の量の関係　　出典：『ひとりで学べる地学』清水書院

【代表的な火成岩】

火山岩

❶玄武岩 標本岩石産地：東京都大島町（伊豆大島三原町）

色は黒色～灰色、緻密で斑晶はあまりはっきりしないが、かんらん石、輝石、斜長石などからなる。玄武岩は柱状節理を示す特徴があり、兵庫県豊岡市の玄武洞は有名である。なお火山島にはこの岩石が多い。

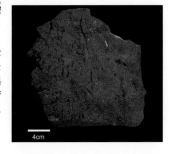

❷安山岩 標本岩石産地：大分県玖珠郡九重町猟師岳

色は暗灰色、斑晶ははっきりしていて角閃石、輝石、斜長石である。日本の火山の大部分はこの岩石からなる。安山岩の中には板状節理を示すものがあり、別名鉄平石と呼ばれ、玄関や浴室の壁・床材などに利用されている。なお、島弧にはこの岩石が多い。

❸流紋岩 標本岩石産地：島根県松江市玉湯町城床

色は淡灰色あるいは淡褐色で白っぽく、斑晶には石英、カリ長石が多い。表面に流れるような模様があることからこの名がついた。壁材、飾り石に利用される。風化すると淡緑色やピンク色を示すことが多い。

出典：産業技術総合研究所「地質標本鑑賞会」

火山岩の結晶構造

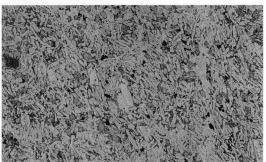

玄武岩　標本岩石産地：京都府福知山市（旧天田郡夜久野村）

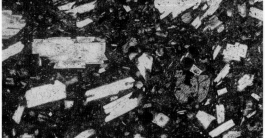

安山岩　標本岩石産地：静岡県伊豆市（旧中伊豆町矢態～筏場）

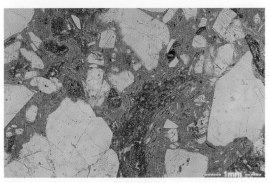

流紋岩　標本岩石産地：長野県千曲市（旧更埴市）稲荷山

写真提供：塚脇真二 金沢大学環日本海域環境研究センター教授

深成岩

❶かんらん岩 標本岩石産地：北海道様似郡様似町幌満

マントル上部を構成する岩石のひとつで、そのほとんどが地下深くに存在する。主にかんらん石からなり、そのほかに斜方輝石、単斜輝石などを含む。

4cm

❷斑れい岩 標本岩石産地：山口県萩市須佐沖浦

色は全体的に黒っぽく、斜長石、かんらん石、輝石、角閃石を含む。別名黒御影と呼ばれ、壁材、墓石などに利用されている。

❸閃緑岩 標本岩石産地：岐阜県揖斐郡揖斐川町

無色鉱物に石英やカリ長石をほとんど含まず、有色鉱物に角閃石を多く含む深成岩。花崗岩より有色鉱物の割合が多い。壁材や墓石などに利用される。

❹花崗岩 標本岩石産地：広島県呉市倉橋町納

全体に白っぽく、その中に黒雲母の黒点がゴマをまいたように見られる。昔から兵庫県の御影町（現在の神戸市東灘区）で多く産出することから別名御影石と呼ばれ、壁材、墓石などに利用される。また、花崗岩は鉱物の粒子が大きいため風化しやすい。

出典：産業技術総合研究所「地質標本鑑賞会」

■見直されたマグマ生成のプロセス

　地球上に様々な火成岩が存在しているが、これは、それぞれの火成岩を生成するマグマの組成の違いによるが、1930年代にはカナダの学者ノーマン・ボーエン（生没年：1887～1956年）によって、結晶分化作用という考え方が示された。

　最初にマントル上部のかんらん岩が部分融解することによって、二酸化ケイ素は45～52％と比較的少なく、鉄やマグネシウムを多く含む、1000～1200℃の玄武岩質マグマがつくられる。これが上昇して冷えていくにつれ、融点の高い長石（カルシウムを多く含む斜長石：Ca-斜長石）やかんらん石などを晶出されて沈降。そのため、マグマの量が減少すると同時に、成分が変化して二酸化ケイ素が52～63％の安山岩質マグマとなる。

　続いて安山岩質マグマは、角閃石、磁鉄鉱、長石（ナトリウムを多く含んだ斜長石：Na-斜長石）を晶出して、二酸化ケイ素が63～70％のデーサイト質マグマに変化。さらに流紋岩質マグマへと変わっていく。この時点でマグマの温度は600～900℃まで下がっており、雲母やNa-斜長石をはじめとする岩石が晶出される。つまり、玄武岩質マグマという単一のマグマから、様々なタイプのマグマがつくられていくというわけだ（131ページの図参照）。

　しかし、ボーエンの説はプレートテクトニクス以前の説であり、結晶分化作用だけで火成岩の化学組成の多様性を説明しきれなかった。たとえば大陸地殻には安山岩や花崗岩が大規模に存在しているが、それらがどこでどのようにできたのかということが大きな問題となったのである。また、中央海嶺では玄武岩が形成されるが、安山岩や流紋岩が形成されていないことはボーエンの説と矛盾する。

　そこで、プレートテクトニクス理論なども加味して浮上してきたのが、沈み込み帯でのマグマの多様性に関する次のような考え方だ。

①マグマ混合

　2つ以上の異なるマグマが混合することによって様々な火成岩が生成される。特に苦鉄岩質マグマと珪長岩質マグマの混合によって、中間の安山岩質マグマが生成される例がある。

②同化作用

　マグマが周囲の岩石や外来岩片を取り込み、それと化学反応を起こしたり、それらの岩石を溶かしたりしてしまい、マグマの組成を変化させることもある。

③地殻物質の部分融解

　マグマの中には、地殻の部分融解によってつくられているものもある。たとえば大陸地殻に大量に存在する花崗岩の大半は地殻の堆積物や火成岩などが解けて、花崗岩質マグマが生じると考えられる。

　こうした考え方が主流となった背景には、プレートテクトニクスの登場があることはいうまでもないが、特に、海洋プレートが他のプレートの下に沈み込んでいる沈み込み帯でのマグマの多様性に関する理解が深まったからだ。

　沈み込み帯では、海洋プレートのスラブが沈み込むことで玄武岩質マグマができ、地殻下部で冷えて玄武岩質地殻ができる。

　そこには海洋プレートによって大量の水が持ち込まれており、沈み込む海洋プレートの下のマントル部分では岩石が融けやすくなり、マントルの一部融解が発生して玄武岩質マグマが生じる。

　この玄武岩質マグマにより、島弧下の下部地殻で大陸地殻が形成されていくが、玄武岩質マグマが上昇する過程で、結晶分化作用に加え、もともと花崗岩質の組成を持った堆積岩や変成岩を巻き込んで融解することで花崗岩質マグマが生成されたと考えられている。

　マグマ生成のプロセスは、かつて考えられていたよりもはるかに複雑なものだったのだ。

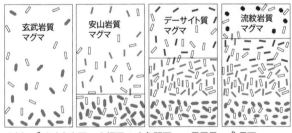

凡例：かんらん石　輝石　角閃石　黒雲母　長石

◀ボーエンが考えた結晶分化作用のイメージ
マグマに成分の違いによって、次のような火成岩を生成するとされた。
玄武岩質マグマ➡玄武岩（火山岩）斑れい岩（深成岩）
安山岩質マグマ➡安山岩（火山岩）閃緑岩（深成岩）
デーサイト質マグマ➡デーサイト（火山岩）花崗岩（深成岩）
流紋岩質マグマ➡流紋岩（火山岩）　花崗岩（深成岩）

COLUMN　地球全体の化学組成

　地球全体の化学組成については様々な推定値が発表されているが、おおむね右の表のような順になっていることでは一致している。

　宇宙全体では、水素が74％、ヘリウムが24％ほどとされているのに比べ、いかに多くの元素を含んでいるのかがわかる。これらの元素が集まってできた物質が、地球の形成過程を経て、比重の違いによって分化して成層構造をつくったという考え方のもとに推定された。

元素名	化学組成(%)	元素名	化学組成(%)
鉄:Fe	32.07	ナトリウム:Na	0.13
酸素:O	30.12	クロム:Cr	0.41
ケイ素:Si	15.12	マンガン:Mn	0.08
マグネシウム:Mg	13.90	コバルト:Co	0.08
ニッケル:Ni	1.82	リン:P	0.19
硫黄:S	2.92	カリウム:K	0.01
カルシウム:Ca	1.54	チタン:Ti	0.08
アルミニウム:Al	1.41		

出典：『Chemical composition of Earth, Venus, and Mercury』（地球、金星、水星の化学組成）
ジョン・W・モーガンとエドワード・アンダース　1980年12月

■変成作用と変成岩

　堆積岩や火成岩、まれに変成岩が、地殻の深い部分でマグマの貫入を受けて高い熱にさらされたり、あるいは造山運動などによる熱や圧力によって固体のまま岩石中の鉱物の入れ替えが起きたり、配列が変化することを変成作用といい、そうしてできた岩石を変成岩という。この変成岩には次のような特徴がある。

> ①再結晶や変形作用により、鉱物が平行に並ぶので細かい縞状構造を示し、薄く板状にはがれる性質（黒雲母などのように薄くはがれる鉱物が並ぶ性質）を持つ。これを片理という。

片理面
（片理に沿って割れた面）

線構造
（片理面に見られる方向性のある縞）

片理面
（薄くはげるように割れる方向の縞模様）

▲片理と片理面　画像提供：倉敷市自然史博物館

> ②再結晶するため、一般に光沢を持った岩石が多い。
> ③変成岩特有の変成鉱物を有する。
> ④高い熱や圧力を受けるため、化石を含まない。

■接触変成作用と広域変成作用

　前述した変成作用のうち、マグマの貫入によってまわりの岩石が高熱のために変成することを接触変成作用といい、このときできる岩石を接触変成岩という。この変成作用は一般に狭い範囲で起きるが、ホルンフェルスや結晶質石灰岩（大理石）をつくり出す。

【代表的な変成岩】

①ホルンフェルス　標本岩石産地：京都府相楽郡和束町
　泥岩や砂岩が接触変成作用を受けると、硬くて緻密なホルンフェルスとなる。黒雲母、菫青石、紅柱石などの鉱物を含む。

②結晶質石灰岩　標本岩石産地：山口県美祢市於福町
　石灰岩が接触変成作用を受けると、方解石の結晶の集合体である結晶質石灰岩となる。

　いっぽう、プレートの沈み込みに伴う造山運動で、広い範囲にわたった地下の岩石が変形したり、熱や圧力が加わって変成することを広域変成作用といい、その際にできる岩石を広域変成岩という。たとえば、結晶片岩、片麻岩、千枚岩などがそうである。

③結晶片岩　標本岩石産地：埼玉県秩父郡皆野町国神
　光沢があり、片理がよく発達しているためハンマーなどでたたくと薄くはがれる性質を持っている。含まれる鉱物によって緑泥片岩、石英片岩、黒雲母片岩など種類が多い。写真は石墨黒雲母片岩。

④片麻岩　標本岩石産地：兵庫県淡路市
　酸性の火成岩や長石を含む泥岩・砂岩が変成作用を受けたもので、有色鉱物と無色鉱物が交互に配列して縞状を呈している。片理は結晶片岩ほど強くはない。写真は花崗片麻岩。

⑤千枚岩　標本岩石産地：茨城県日立市多賀町
　泥岩・頁岩が強い圧力を受けると粘板岩となり、さらに強い圧力を受けると千枚岩になる。粘板岩と結晶片岩の中間型の岩石である。
出典：岐阜聖徳学園大学教育学部 川上研究室ホームページ「理科教材データベース」

■日本における変成作用

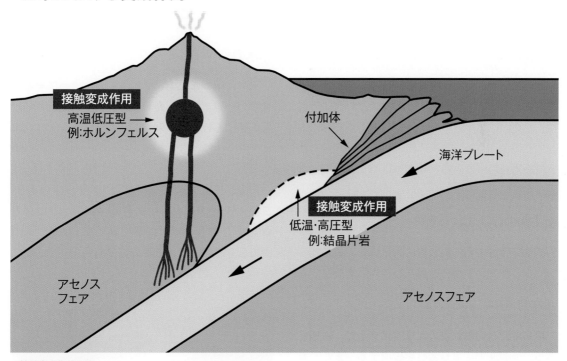

▲接触変成作用の場

　日本のような島弧では特徴的な変成作用が起きている。海洋プレートが沈み込むところでは圧力が加わり、地層に低温・高圧型の変成作用が生じて結晶片岩などを形成する。いっぽう高温のマグマが上昇する火山帯下では高温・低圧型の変成作用が生じてホルンフェルスなどを形成する。

　また、日本の分布する変成岩中に含まれる鉱物から、変成時の環境を知ることができる。それによると、変成時の圧力は数千〜1万気圧、温度は200〜300℃と考えられている。この環境を地中内の深さに換算すると、地下20〜30kmの深さに相当するスラブ上面の圧力と温度となる。

水や風による侵食・風化のパワー

地表に現れている岩石は、長い年月の間に大気中の酸素や二酸化炭素、さらには雨水、気温、生物の根などの作用によって、壊されたり溶解されたりすることによって変化する。これを風化というが、風化には物理的風化作用と化学的風化作用がある。

◀カッパドキア
トルコのアナトリア高原の火山によってできた大地カッパドキアも、物理的風化作用によって形成された。

■物理的風化作用

①気温の変化によるもの

　昼夜の気温の変化や、あるいは季節による気温の変化によって岩石が膨張・収縮を繰り返すうちに、しだいに鉱物どうしの結びつきがゆるみ、物理的に破壊される。この作用は岩石の表面や地表付近の岩石に限られる。花崗岩は特にこの風化を受けやすい。

②生物の作用によるもの

　植物の根は岩石の割れ目に入り込み、成長していくにしたがい、楔の役目をして岩石を破壊する。

③水の作用によるもの

　雨水が岩石の割れ目に入り凍結すると、体積が増し、その圧力により岩石を破壊する。また、長い年月の間に雨粒の落下するエネルギーは岩石の表面を削り取っていく。

④風の作用によるもの

　海岸や砂漠地帯などの風の強い地方では、砂が吹き飛ばされて岩石の表面を削り取って地形を変え、きのこ岩や砂丘を形成する。

■化学的風化作用

①水の作用によるもの

　水の作用や水に溶けている物質によって岩石が分解したり、溶解したりする。典型的な例が石灰岩地帯における鍾乳洞だ。

②火山ガスによるもの

　火山が噴出するガスの中には、硫化水素（H_2S）、二酸化硫黄（SO_2）、塩化水素（HCl）、フッ化水素（HF）などの成分が多く含まれている。それが岩石を変質させ、もろくさせる。

▲福島県郡山市逢瀬町の浄土松公園内にあるきのこ岩
出典：郡山市観光協会ホームページ

POINT 山崩れの原因や土壌の形成は、岩石が風化するために起きる

　地表面では、岩石をつくっている鉱物のうち、変質しにくい石英が粒子となって残り、長石類などの有色鉱物はやがて変質して粘土となっていく。地表を覆っている土壌は、それに植物の腐食物が混じってできたものである。

　また、山の斜面の土壌は集中豪雨などで大量の水を含むと、しばしば地すべりを起こして斜面から崩れ落ち、半円錐形の崖錐（崖や急斜面の下に、落下した岩屑が堆積してできる半円錐状の地形）をつくる。

　そして新たに露出した岩石がまた風化していく。このような過程を繰り返しながら地形は変形していくこととなる。

　集中豪雨に加えて、地震や噴火などがきっかけになって、土壌が山の斜面（すべり面）に沿ってすべり落ちることがある。それが地すべりや、より規模の大きな土石流だ。そのときにすべった面は、粘土状になっていることが多く、その粘土層は「すべり面粘土」といわれている。すなわち、粘土層が水を含んで潤滑油の役目を果たしたことが地すべりの原因となったと考えられている。

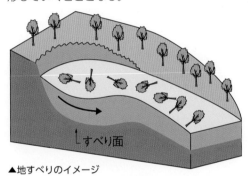

▲地すべりのイメージ
出典:『ひとりで学べる地学』清水書院

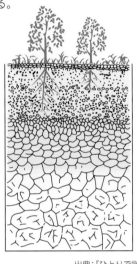

◀土壌の断面図
出典:『ひとりで学べる地学』清水書院

COLUMN 予想もできなかった北海道胆振東部地震による土石流被害

　2018年9月6日に起きた震度7の北海道胆振東部地震で、北海道勇払郡厚真町と安平町は斜面崩壊による大きな土石流被害に見舞われた。同年8月以降、厚真町は230mmの降雨が観測されていた。そのため砂岩や泥岩でできた軟らかい地質が緩み、山肌の表面が崩れる「表層崩壊」が起きたのである。それまで土石流の発生事例はなく、誰も予想もしていなかった事態だった。

　地震により発生した崩壊地範囲は東西に約25km、南北に約32kmに及び、崩壊地の箇所数は6000を超えた。右の3D画像において茶色の地肌が見えている箇所のほとんどすべてが土石流の跡である。

　土石流が多く発生した厚真町の丘陵地は、1200〜500万年前の海成層（海中で堆積した堆積物からなる地層）を基盤とし、その上を、支

笏カルデラから約4万年前に噴出した降下軽石層、約2万年前の恵庭火山からの降下軽石相、約9000〜300年前の樽前火山の降下軽石相などが覆っている。それらの軽石相が一気に崩れ落ちたのである。

▲平成30年北海道胆振東部地震で土石流が発生した厚真川地区の3D画像
出典:国土地理院地図

■河川の作用

地表に降る水（雨、雪など）は大部分が河川に流れ込み、一部は地下にしみ込んで地下水となる。河川に流れ込んだ水は、上流で岩石を侵食し、下流へと運搬して堆積する。この一連の作用を河川の3作用という。

こうした作用は河川の勾配に影響される。河川の勾配は一般に上流で大きく、下流に行くにしたがってゆるやかになる。

下のグラフは、日本と諸外国の主な河川の勾配を示したものである。このグラフからもわかるように、日本の河川は距離が短く、勾配が急である。そのため、日本における3作用のはたらきは顕著となっている。

たとえば、富山県を流れる常願寺川は河口である富山湾から源流までの距離はわずか56km。その間に約3000mの標高差を流れ下るため、世界的に見ても有数の勾配を誇る急流河川である。古代から洪水が多かったため、川の名前は「出水（氾濫）なきを常に願う」という流域住民の気持ちをこめてつけられたといわれている。

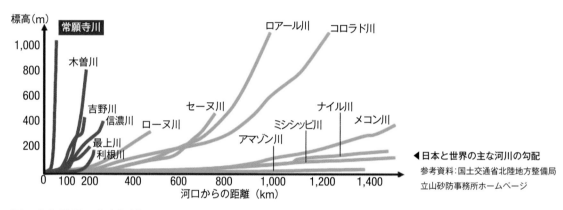

◀日本と世界の主な河川の勾配
参考資料：国土交通省北陸地方整備局
立山砂防事務所ホームページ

■日本と世界の主な河川

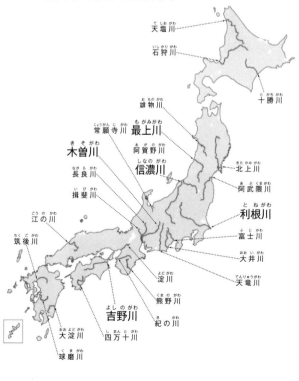

POINT　河川には侵食・運搬・堆積の 3 作用がある

　河川のよる侵食を一般に河食といい、そのうち、川底を侵食するものを下方侵食、川岸を侵食するものを側方侵食という。

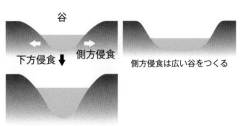

▲下方侵食と側方侵食

　上流では勾配が急なため流速が大きく、侵食・運搬作用が激しく、とりわけ下方侵食が大きい。
　上流・中流では渦流（うずを巻いて流れること）による礫（小さな石）の回転が生まれ、川底を丸くえぐり、おう穴（川の侵食によって生じる円形の穴）ができることがある。
　中・下流では側方侵食が盛んで、河川は蛇行し、河幅を広げる。
　そして山間部から平野に流れ出るところでは、勾配が急に小さくなるため、運搬物をその場に堆積し、扇状地をつくる。
　そもそも、河川の勾配の大きいところでは、ほとんど堆積作用は起こらない。しかし、勾配が急に小さくなるところや、もともと小さいと

ころで堆積作用が起きることになる。そのため必然的に、上流で削り取られた物質は勾配の小さくなる中流、下流に堆積地形をつくることになるのだ。
　次の図は、実験によって得た流速・粒径と河川の 3 作用の関係を示したものである。
　Ⅰ線より上のⒶの領域は水底に静止している物体が動き始める範囲、Ⅱ線より下のⒸの領域は移動している物体が堆積し始める範囲を表している。また、Ⓑの領域は浮遊している物体が引き続き運搬されることを意味している。

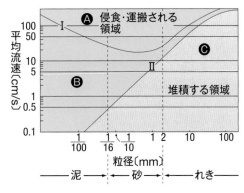

▲流速・粒径と河川の 3 作用
出典：『ひとりで学べる地学』清水書院

COLUMN　流速・運搬力・侵食力の関係

　河川の侵食力をE、流速をVとすると、$E=V^2$ という関係が成り立つが、その値が大きくなるにつれて、運搬する石の体積や重さ（運搬力）も大きくなる。
　つまり、一般的に侵食力と流速が大きい上流部では運搬力が大きくなるいっぽう、侵食力と流速が小さい下流部では運搬力も弱くなり、堆積作用が盛んになる。

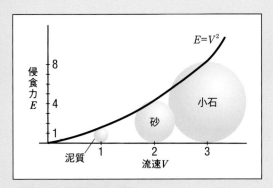

▲河川の流速と運搬力の関係
出典：『ひとりで学べる地学』清水書院

■河川による地形の変化

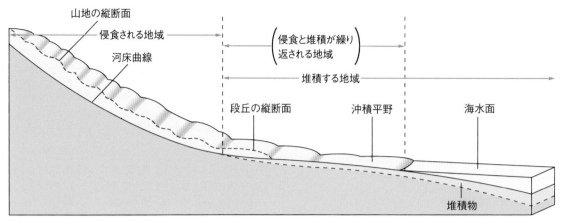

▲河川の断面図
出典:『ひとりで学べる地学』清水書院

河川の上流では、河川の勾配が大きいため、侵食作用のうちでも特に下方侵食が進み、谷底を深く削り取ってV字谷Ⓐを形成する。

しかし、勾配が緩やかな場所では上流部から運ばれてきた土砂が堆積して山地の間を埋め、比較的幅の広い谷底平野Ⓑが形成されることがある。これは河川の堆積作用によって形成される平野である沖積低地の一種で、幅1～2km以下の狭長な谷間の低平地のことである。

中流では扇状の扇状地Ⓒをつくるほか、河岸段丘や段丘崖Ⓓを形成することもある。土地の隆起によって川が高くなったり、気候変動で海面が低下したり降水量が多くなったりすると、侵食力が増加して谷底平野を削り、より下流に土砂を運んでいく。その結果、川より高く平らな形で残った平坦面が河岸段丘、削られてできた崖が段丘崖だ。

川が中流・下流域に達して平坦地を流れるようになると、川は低いところを選んで流れたり、側方侵食したりして蛇行Ⓔを始める。この蛇行が極端に進むと、洪水など流速・流量が大きいときに河川が直進、蛇行していた河川の一部が取り残されて三日月湖Ⓕが形成される。

さらに河口付近に達すると運搬力が小さくなる。ここで堆積されるのはほとんどが砂泥で、上流を頂点とする三角形の砂泥地を形成する。これを三角州Ⓖという。

また河口付近では、河川の両岸に自然堤防Ⓗが形成されるほか、河床への堆積が進んで河床がまわりの平地より高くなる天井川Ⓘを形成することもある。

▲V字谷Ⓐ
利根川水系湯檜曽川の十字峡（群馬県利根郡みなかみ町周辺）のV字谷の3D画像

▲谷底平野Ⓑ
北上川水系砂鉄川（岩手県一関市川崎町周辺）の谷底平野の3D画像

▲扇状地Ⓒ
常願寺川中流域の扇状地（富山市中新川郡立山町周辺）の３Ｄ
画像

▲三角州Ⓖ
筑後川下流域（佐賀県佐賀市川副町周辺）の三角州の航空写真

▲河岸段丘と段丘崖Ⓓ
利根川水系片品川（群馬県沼田市榛名町周辺）の河岸段丘と
段丘崖の３Ｄ画像

▲自然堤防Ⓗ
石狩川下流域（北海道江別市八幡周辺）の自然堤防の３Ｄ画像

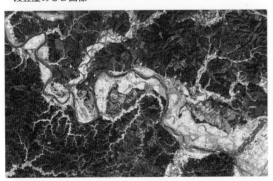

▲蛇行Ⓔ
雄物川中流域（秋田県秋田市雄和向野周辺）の蛇行の航空写真

▲天井川①
常願寺川河口（富山県中新川郡立山町周辺）に形成された
天井川の３Ｄ画像

▲三日月湖Ⓕ
石狩川中流域（北海道樺戸郡浦臼町周辺）の三日月湖の航空写真

■ 氷河による地形の変化

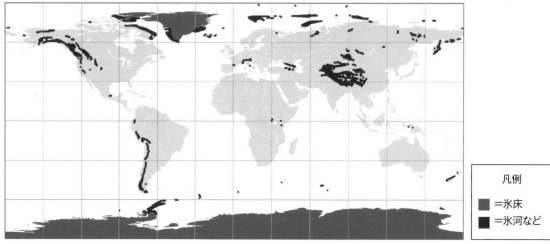

▲世界の氷河分布

参考資料：Global distribution of inventoried glaciers（Zemp et al, 2014）

地球上に存在する氷はおよそ3310万㎢とされるが、そのほとんどは南極とグリーンランドを覆う氷床（おお）が占めている。南極氷床が3011万㎢、グリーンランド氷床が293万㎢である。それに続くのが氷河（ひょうが）だが、それは5万㎢程度にすぎない。季節的な積雪はわずかに500〜5000㎢である。

しかし、かつて地球はしばしば寒冷化と温暖化を繰り返し、氷河や氷床も拡大したり、縮小したりした。そして寒冷化した時代には、極地の氷床だけではなく、高山域の氷河群も大きく発達・拡大した時代もあったことがわかっており、その痕跡（こん）（せき）が様々な地形として残っている。

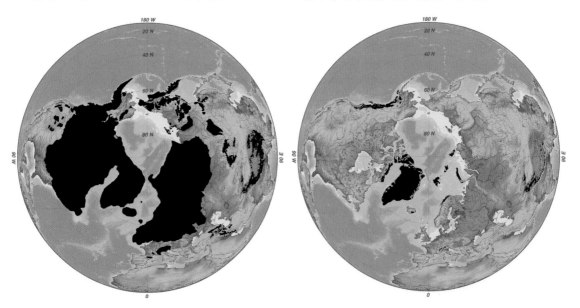

▲第四紀における氷河期（左）と間氷期（かんぴょうき）（右）の北半球における氷河の広がりのシミュレーション図　黒い部分が氷床の広がりを示す。
出典：Wikipedia　Author：Hannes Grobe/AWI
第四紀（258万8000年前から現在までの期間）の氷河時代は約258万年前から始まり、北半球の氷床が拡大し始め、
最終氷期は約1万年前に終わり、現在は間氷期に入っているとされる。

そもそも氷河とは、傾斜した地形に、複数年にわたって氷や雪が堆積し、万年雪が圧縮されることでできる。下部には過去の氷期にできたものが溶けずに残っている場合もある。氷河はゆっくり斜面を流れ下っており侵食や堆積作用を活発に行い、独特な氷河地形を生んでいる。

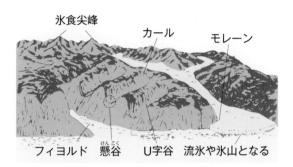

▲氷河による地形
出典:『ひとりで学べる地学』清水書院

氷河によっても、上の図に示すように様々な地形が形づくられる。

①**カール**　氷河の動き始めの部分。下方を削り取られてできるお椀状の凹地をいう。

②**氷食尖峰**　氷河の侵食作用によってできた尖った地形のこと。ホルンともいう。

③**U字谷**　氷河の重さで谷の両側が削り取られてできるU字形の谷をいう。

④**モレーン**　氷河が運んでいた岩片、砂、礫などが堆積してできた地形。

⑤**フィヨルド**　氷河が溶けて海水面が上がると、U字谷に海水が入り込み、深い入り江を形成する。その地形をフィヨルドという。

⑥**懸谷**　氷河の本流と支流が合流するところで、氷河の量の違いからその谷底に段差が生じる。そこでは、氷河が溶けるときに滝が形成されることもある。

【日本でも見られる氷河地形】

▲カール　黒部五郎岳

▲氷食尖峰　槍ヶ岳

▲U字谷　立山

▲モレーン　野口五郎岳

画像出典:国土地理ホームページ
「日本の典型地形について」

■海水の作用による地形の変化

海水には波浪、潮流、海流などの作用があるため、河川と同様に地形の変化を生み出している。

侵食作用は波浪によることが多い。波浪が激しく打ち寄せる海岸では海食台、海食崖、海食洞などの地形ができる。

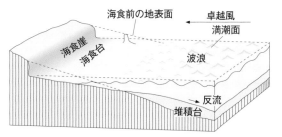

▲海食地形の断面図
出典:『ひとりで学べる地学』清水書院

いっぽう、海岸付近には沿岸流が流れていることがある。この沿岸流は岸に沿って流れていて、堆積物を運搬し、堆積地形をつくる。砂嘴、砂州、沿岸州、陸繋島、あるいは砂州によって閉じ込められてできる潟などがそれにあたる。

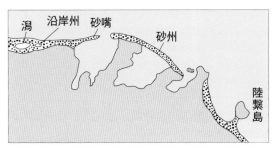

▲海岸の堆積地形
出典:『ひとりで学べる地学』清水書院

また、海岸の地盤が上下運動することで、侵食作用が働き、海岸段丘、リアス式海岸、フィヨルドなどの地形が形成される。

▲海食洞　高嶋（通称：円月島）
和歌山県西牟婁郡白浜町にある南北130m、東西35m、高さ25mの小島。
提供:和歌山県観光連盟

▲砂州　サロマ湖
出典:Google Earth
北海道の北見市、常呂郡佐呂間町、紋別郡湧別町にまたがる日本最大の汽水湖。
オホーツク海と湖を仕切る砂州は全長26 kmにもおよぶ。

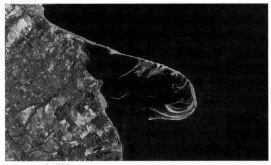

▲砂嘴　野付埼
出典:国土地理院地図
北海道東部で根室海峡に突出する砂嘴。全長 28km。
知床半島と根室半島のほぼ中間に位置する大規模な地形。

▲リアス式海岸　五ヶ所湾の３D画像
出典：国土地理院地図
三重県度会郡南伊勢町にある湾。
田曽岬と止の鼻が湾口を成し、湾最奥部に
町の中心集落の五ヶ所浦がある。

COLUMN　海底の堆積物

　海底にも様々な地形があることは前述したが、その中でも特による変化が激しいのが、大陸斜面と呼ばれる場所である。大陸棚から海溝へと続くこの傾斜は、他の地域より傾斜が急なので、海底谷での水の流れや、斜面が不安定になって地すべりが発生することで、堆積物が運ばれる。海底での地すべりによる堆積物の流れを乱泥流といい、堆積物をタービダイトという。

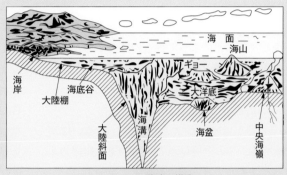

▲海底の構造
出典：『ひとりで学べる地学』清水書院

　また、海底の堆積物を見ると、陸地に近い海底には主として河川により運ばれてきた陸源性堆積物が多く、陸源性堆積物が分布する海底は全海洋面積の約20％を占めている。残る80％のうち水深5000mより深い海洋底は、ケイ質、火山灰質などからなる赤色粘土、それより比較的浅いところでは、プランクトンなどの遺骸の堆積物である放散虫軟泥や石灰質軟泥などが堆積している。

海底堆積物　　　　　　　　　　　　堆積速度 (1.5)は
　　　　　　　　　　　　　　　　　1.5mm/千年

| 陸源性堆積物 | ケイ藻軟泥 | 赤色粘土 | 放散虫軟泥 | 石灰質軟泥 |

◀大洋底における堆積物と堆積速度
出典：『ひとりで学べる地学』清水書院

◀放散虫軟泥を構成している放散虫の死骸
　深海底から採取された放散虫軟泥をフルイで水洗し、残った残渣の放散虫群集を電子顕微鏡で撮影したもの。
　出典：宇都宮大学農学部　生物資源科学科　地質学研究室（生物生産科学科植物生産学コース）ホームページ

■ 鍾乳洞の形成

石灰岩でできた地層ではしばしば鍾乳洞が形成される。

そもそも日本の石灰岩の地層は古生代の温暖な海でサンゴをはじめとする石灰質の殻や骨格を持った生物の遺骸が海山の頂部に厚く堆積することによってできたものとされる。石灰岩の主成分は炭酸カルシウム（$CaCO_3$）で、この物質は純粋な水には溶けないが酸性の溶液に溶解するという化学的性質を持つ。

この炭酸カルシウムを主成分とする石灰岩の地層が地殻変動などによって地上に隆起すると、空気中の二酸化炭素（CO_2）を含んで弱酸性となった雨水に触れることで、$CaCO_3 + H_2O + CO_2 \rightarrow Ca(HCO_3)_2$という反応を起こす。

$Ca(HCO_3)_2$は重炭酸カルシウム、あるいは炭酸水素カルシウムと呼ばれる化合物で、炭酸カルシウムとは違って水に溶ける性質を持つ。

この炭酸水素カルシウムを含んだ水が地下にしみ込んでいくとき、さらに二酸化炭素を取り込んでいく。地中のバクテリアが有機物を分解する際、酸素を使い、代わりに二酸化炭素を吐き出すので、土壌には二酸化炭素が多く存在しているのだ。また、地下になればなるほど圧力がかかるので二酸化炭素が溶け込みやすくなる。

こうして、より酸性度が高くなった地下水は石灰岩を溶かすスピードをさらにアップしていく。こうした石灰岩が水と二酸化炭素と反応して、炭酸カルシウムを生成することで溶けていく現象を溶食、あるいはカルスト現象という。

さらに、地下水は次第に集まって地下に溜まるようになり、地下水脈を形成し、周りの石灰岩を溶かして空洞をつくっていく。

その空洞がさらに大きく

なり、連結して洞窟になると、地下水脈の流量はさらに増大して砂利や砂も運ぶようになる。すると、その砂利や砂によって周囲が削られていくようになる。本格的な侵食の始まりであり、鍾乳洞の形成の第一段階だ。

さらに侵食が進むにつれて、石灰岩中の微細な割れ目にしみ込んだ地下水が圧力から解放される。すると、炭酸水素カルシウムが二酸化炭素を放出し始め、再び$Ca(HCO_3)_2 \rightarrow CaCO_3 + H_2O + CO_2 \rightarrow Ca(HCO_3)_2$という反応が起きるようになる。

この炭酸水素カルシウムを含んだ地下水が洞窟内に滲出（液体が外に滲み出ること）することによって、さらに$CaCO_3 + H_2O + CO_2 \rightarrow Ca(HCO_3)_2$の反応が加速し、炭酸カルシウムの析出（溶液から溶質である成分が固体として現れる現象）が進む。それとともに、より安定的な構造の方解石となって沈積して鍾乳石（氷柱石や石筍などを形づくり始める。こうして鍾乳洞で見られる様々な構造が形成していくのだ。

たとえば、山口県美祢市にある秋吉台が有名だ。その秋吉台の地下100〜200mにあるのが秋芳洞という鍾乳洞だ。これまでの調査で総延長が1万300mにおよぶことがわかっている。

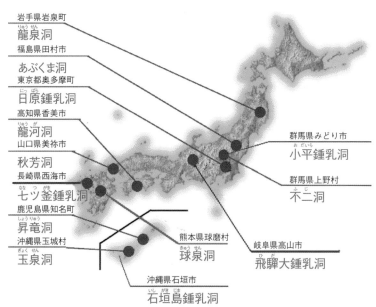

▲日本の主な鍾乳洞

◀秋吉台の３D画像
出典：国土地理院ホームページ
「日本の典型地形について」

▲秋芳洞
天井から下がっているのが氷柱石。１cm成長するのに50年か
かるといわれている。

▲秋芳洞の百枚皿
水の波紋の端の泡立つ部分に石灰分が沈積。波紋の縁の部分だ
けが、長い歳月の間に盛り上がって、皿状になったといわれて
いる。「百枚皿」と呼ばれているが。実際には、500以上ある。

COLUMN 地下水には自由地下水と被圧地下水がある

降水が地下にしみ込んだ水を地下水といい、大きく自由地下水と被圧地下水に分けられる。

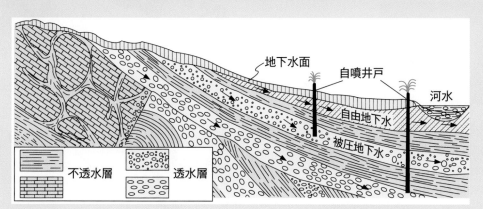

不透水層　　透水層

▲地下水の存在場所
出典：『ひとりで学べる地学』清水書院

①自由地下水
地表に最も近い、不透水層の上にたまっている水。

②被圧地下水
帯水層が不透水層にはさまれて圧力を受けている水。

Chapter 7

■陸上における堆積環境と堆積岩

　地表に露出する岩石が風化・侵食を受けると岩片や土壌となり、それが流水や風によって他の場所に運ばれる。運搬された物質は条件がそろった様々な場所にとどまり堆積物となる。

　この堆積物が層状に重なり、地層を形成する。この地層は堆積物の運ばれ方によって、次のように分類されている。

①風成層

　風によって運ばれた堆積物で形成される（砂丘、中国の黄土、関東ロームなど）。

②河成層

　河川水によって運ばれた堆積物で形成される（扇状地や河岸段丘を構成する堆積物）。

③氷成層

　氷河によって運ばれてきた堆積物で形成される（モレーン、氷縞粘土など）。

④海成層

　海水によって運ばれた堆積物で形成される（海生生物の化石を含む）。

氷縞粘土▶氷河湖底の堆積物。淡色シルト（粒径が .0.074〜0.005㎜の土粒子）と暗色粘土との非常に細かな数㎜〜数㎝単位の縞状模様がある。この縞を数えることで氷期の年数がわかる。

◀氷縞粘土の円礫
出典：岐阜聖徳学園大学教育学部理科教育講座（地学）理科教材データベース

　地層をつくる堆積物は、その場所で長い年月の間にしだいに固まり、堆積岩となる。このように堆積物が堆積岩となる作用を続成作用という。この続成作用のはたらきは次の２つである。

①長い年月のうちに、堆積物を圧縮して水を絞り出し、押し固める。
②堆積物の間を地下水に溶けたケイ酸質や石灰質・鉄分などが接着剤となって堆積物粒子が固着する。

■土壌の形成

　地表付近で岩石が風化してできた砂や粘土に腐植物が混ざったものを土壌という。そのうち、岩石がその場で土壌になったものを残積土、他の場所に水や風によって運搬され、堆積して土壌になったものを運積土という。

　たとえば、関東平野を広く覆っている関東ロームは、火山周辺に堆積した火山砕屑物（火山灰など）が、風雨などによって再度運ばれて周辺に堆積した運積土の一種で、火山灰質粘性土と呼ばれる。長い年月の間に、日光や雨風のはたらきで火山灰が粘土質に変化しており、中に含まれていた鉄が酸化して赤い色をしている。火山国である日本では広く分布している。

▼火山灰質粘性土の分布
出典：地盤工学会「地盤材料試験の方法と解説、2009」

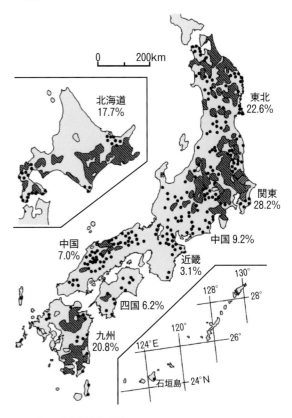

: 火山灰質細粒土
: 有機質火山灰土
• : 同上：小面積のため位置のみを示す
　 ％は各地方での火山灰土の占める面積率

■地層にある特徴

地層には次のような特徴がある。

①層理

切り通し（崖）などで板を重ねたような縞模様を観察することができる。

この模様をつくる層を層理といい、層の境界を層理面という。この境は上下の地層をつくっている物質の粒子の大きさや性質が違うために生じる。また、層理と層理の間に挟まれた厚みを持った部分を単層という。なお、泥層の上に粗い砂や礫の層が堆積すると、その重みでくぼんだりすることがある。また、大きな礫の転がりや水の流れによって溝ができたりすると、地層面に凹凸ができる。これをソールマーク（底痕）といい、地層が堆積した当時の上下関係を調べるときに用いることがある（削られているほうが下位）。

②化石

地層を形成する堆積岩には、堆積した当時生息していた生物の遺骸や生活痕が含まれることがある。それらは、長い年月、地層の中に埋没している間に、続成作用や地殻変動の影響を受けて変質して硬くなる場合が多い。そうして形成される化石はその層の年代を決めるほか、当時の環境を調べるうえで重要な役割を果たす。

変成岩や火成岩は形成過程が違うので化石を含まない。しかし、堆積岩であっても必ず化石を含むとは限らない。たいへん厚い堆積岩の層の中に、まったく化石が発見されない例も少なくない。

③ラミナ

1枚の単層の厚さは、ふつう10〜数十㎝だが、単層中の細かな堆積物の粒子の配列により数㎜〜数㎝の厚さの縞模様が見られることがある。地層を構成する最小単位で、これも物質の粒子の大きさや性質の違い，またはその配列状態の変化によって生ずるもの。ラミナ（葉理）といい、その層を葉層と呼んでいる。

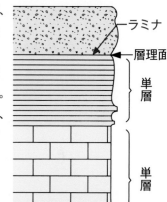

▶地層の構造
出典：『ひとりで学べる地学』
清水書院

POINT **堆積物は続成作用によって堆積岩となる**

日本の土壌は火山灰を含むものが多いため、酸性を示すものが多い。また、多雨地帯の土壌は酸性、乾燥地方の土壌はアルカリ性になることが多い。土壌も堆積物の一種であるから、続成作用を受ければいずれ、硬い堆積岩になる。

COLUMN **なぜ層理面は生じるのか？**

もし堆積作用が同じペースでひっきりなしに行われていれば、地層と地層の間に見られる境の面である層理面が形成されることはない。堆積作用のペースが変化する。つまり、堆積が小休止する期間があるからこそ、その間に表面が固化して、結果的に層理面が形成されるということである。

その証拠に、層理面の表面では漣痕や乾裂が観察されることもあれば、生痕（生物の足跡やはい回った跡）が残っていたりする。

漣痕▶堆積層の表面を水や空気が流れることにより、周期的な波状の模様がつくられた規則的な地形のこと。リップルマークともいう。
乾裂▶干潟や湿地に堆積した泥の表面が乾燥するときに生じる亀甲状の割れ目のこと。

Photolibrary

堆積地層で地球の歴史が読み取れる

　地層を観察することで、私たちは地球の長い歴史の中でいったい何が起きてきたのかを知ることができる。それは我々人類がなぜ存在するのかを知る大きな手掛かりにもなるし、人類が自然環境にも大きな影響を与えるようになっている現在、どう行動すべきかを考えるきっかけともなるはずだ。

◀アメリカのグランドキャニオン
規則正しい地層の重なりから、
地層累重の法則が確認できる。

■堆積物でできた地層の重なり方

　地層が堆積する場合、基本的に「互いに重なる2つの地層のうち、上位にある地層は下位の地層より新しい」という法則が成り立つ。デンマークの科学者ニコラウス・ステノ（生没年：1638〜1686年）が提唱した地層累重の法則だ。

【地層累重の法則】

第1法則：地層は水平に堆積する。
第2法則：その堆積は側方に連続する。
第3法則：古い地層の上に新しい地層
　　　　　が累重する。

　しかし、この法則は大きな地殻変動がはたらいた場合には成り立たない。なぜなら、地殻変動が起きた場合、地層が傾いたり、逆転したりすることがあるからである。

　そのようなときには、地層内に次のような構造を探す。それを見つけて地層の上下を決定することが大切となる。

①級化層理

　右図のように、乱泥流でできた地層の場合、単層内では粒度の細かいほうが上位（新しい）。

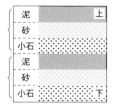

②クロスラミナ

　単層内でラミナが交差しているものをいい、下のラミナ（葉理）を切っているほうが上位。

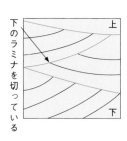

③漣痕（リップルマーク）

　砂浜の形が波形に残った模様。波形のとがっているほうが上位。

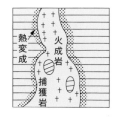

■地層が火成岩と接しているときの新旧

地層がマグマ（あるいは冷却した火成岩）との接触により変成を受けた場合や、火成岩中に捕獲岩としてまわりの岩石を取り込んでいる場合は、まわりの地層のほうが古い。

◀火成岩の貫入と捕獲岩
出典：『ひとりで学べる地学』
清水書院

■整合と不整合

地層の重なり方には整合と不整合がある。整合は1枚1枚の単層が大きな地殻変動もなく、連続して堆積したものをいう。いっぽう、不整合は上限の地層が堆積する間に海底が陸化して侵食を受け、再び沈降して上の地層が堆積するような大きな地殻変動があった場合をいう。不整合には次のような特徴がある。

①不整合面は凸凹している。これを侵食面という。

②上下の地層の層理が斜交している場合が多い。傾斜不整合という。

③不整合面の上には下の地層の礫（基底礫岩）がある。

④上下の地層に含まれる化石の種類に大きな違いがある

POINT

不整合は地殻の変動（陸化）をあらわす

海底の堆積物は、大部分が河川によって運搬される。その中には大小様々な粒径のものがある。これらの堆積物が陸上の岩石を削り取って海底に堆積するとき、小さい粒径の運搬物は海水のはたらきにより遠い沖合まで運ばれるが、大きな粒径の運搬物（礫）は海岸近くに堆積する。

その地域が隆起して陸化した後、再び沈降すると海水が侵入してくるが、そこはいきなり深い海になるのではなく海岸付近の時代が続く。その際、不整合面（侵食面）のすぐ上は最初に海になった場所であり、そこに礫が堆積し、基底礫岩として残ることになる。

---

①整合 （地層Aと地層Bとの重なりの関係）
地層Aと地層Bは連続的にほぼ水平に堆積

②不整合 （地層A、Bと地層Cとの重なりの関係）
地層Bの堆積後、大きな時間的隔たりの後、新たな地層Cがほぼ水平に堆積

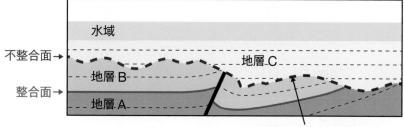

傾斜不整合面（赤破線部分）

傾斜不整合：不整合面を境に上下の地層の傾きが斜交する関係

▲整合と不整合

■ 堆積岩の分類

堆積岩は堆積物の起源や種類によって次のように分類される。

① 砕屑岩

風化、侵食によって生じた礫、砂、泥や火山の噴出物が堆積したもので、風化・侵食によるものと火山の噴出によるものがある。

❷風化、侵食によるもの 泥岩、砂岩、礫岩など。堆積物と堆積岩は大きさ（粒径）によって、次のように分類されている。

堆積物（未固形）	礫	砂	泥
堆積岩（固形）	礫岩	砂岩	泥岩
粒径 d [mm]		2	1/16

なお、泥は1/16〜1/256mmの粒径のものをシルト（沈泥）、1/256mm未満のものを粘土という。また、泥岩のうち、はがれやすいものを頁岩、さらに薄くはがれるものを粘板岩という。

POINT

堆積物と堆積岩は地表を浅く広く覆っている

地殻を構成する物質のうち、堆積物と堆積岩が占める割合は約5％にすぎない。しかし、地表の約75％は堆積物や堆積岩で覆われている。

❸火山の噴出によるもの 火山の噴出物からなる岩石を火山砕屑岩といい、粒子の大きさや状態により、次のように分類されている。

凝灰角礫岩 ▶32mm以上の火山角礫や火山灰などが集合し固結したもの。
火山礫凝灰岩 ▶32〜4mmの火山礫や火山灰などが集合したもの。
凝灰岩 ▶4mm未満の火山砂や火山灰が集合したもので、石材として「大谷石」がよく知られている。
溶結凝灰岩 ▶陸上に降った火山灰が高温のまま堆積し、自分の重さで押しつぶされ、互いに溶けてくっつき合ってできる岩石。

◀泥岩

◀砂岩

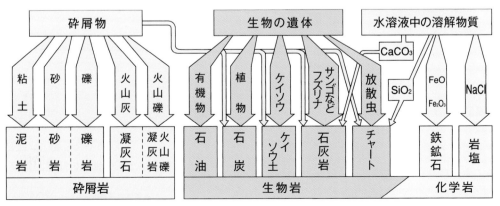
▲堆積物の起源による堆積岩の分類

出典：『ひとりで学べる地学』清水書院

◀礫岩

◀凝灰岩

写真出典：すべて岐阜聖徳学園大学教育学部
川上研究室ホームページ「理科教材データベース」

②生物岩

主に生物の遺骸が堆積したもので、古生物の種類によって細分される。フズリナ石灰岩、サンゴ石灰岩、放散虫チャート、石炭や石油などもこの分類に含まれる。

◀サンゴ石灰岩

③化学岩

海水や湖水の中に溶けている成分が晶出して沈殿したり、他の元素と化合して沈殿したりした岩石をいう。石灰岩、チャート、岩塩など。

◀石灰岩

■岩石の生成と循環

岩石が風化・侵食された砕屑物や化学的沈殿物、マグマの噴出による火山砕屑物、生物の遺骸が、続成作用を受けることで堆積岩となる（下図右側の循環）。いっぽう、マグマが冷えて固まると火成岩になるが、マグマ混合や結晶分化作用、マグマの冷え方の違いによって、多様な火成岩となる。

また地殻を構成する火成岩や堆積岩がプレートの衝突による造山運動で、熱や力、圧力が加わると、変質して変成岩に変わる。

しかし、それで終わりではない。生成された火成岩、変成岩、堆積岩はプレート運動によって、いずれは地球内部に沈み込み、変成岩になったり、融解する。だが、その中から再び地表へと戻り、風化、侵食、運搬という循環へと旅立つものも出てくる（下図左側の循環）。

このように岩石の大循環は、実に長い年月をかけて行われているのだ。

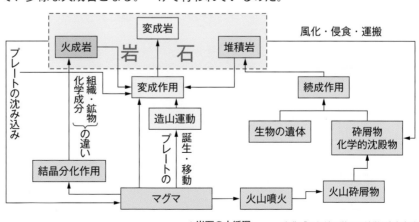

▲岩石の大循環　　出典：『ひとりで学べる地学』清水書院

151

■示準化石と示相化石

化石の分類は生物学的に行われるが、地質学では示準化石と示相化石という分け方がある。示準化石とは、その化石を含む地層が堆積した時代を知る手掛かりとなる化石で、フズリナ（紡錘虫）、三葉虫、アンモナイトなどが代表的な示準化石である。いっぽう示相化石とは、その化石を含む地層が堆積した当時の環境がわかる化石で、たとえばサンゴやシジミがあげられる。

示準化石

示準化石の条件としては、生物種の出現から絶滅までの期間が比較的短く、地理的分布が広いことに加え、個体数が多いことなどが求められる。

下の図は、古生代（石炭紀～ペルム紀）に全盛期を迎えた単細胞の原生動物フズリナ目の進化を示したものだ。登場してきた当初は数mm程度だった石灰質の殻が古生代末には数十mmのものも出現するようになったが、およそ1億年存続した後に絶滅した。岐阜県の金生山には多くの化石が残っているため、進化の系統も詳しく研究されており、示準化石としてもよく使われている。

▲フズリナ目の進化（化石の断面と生息した時代）
出典：『ひとりで学べる地学』清水書院

進化の過程で生物は環境の変化に応じて、次第に体や器官を変えていく。たとえば爬虫類は高温・乾燥にふさわしい体や器官を持っていたが、中生代に入ると環境の変化に適応して恐竜・魚類・翼竜などに変化していったと考えられている。そして、それらの生物が生息していた時代はすでに推定されている。

つまり、恐竜・魚類・翼竜などの化石が発見される地層は、それぞれどの時代に形成された地層なのかを決定するうえで大きな手がかりとなるわけだ。

こうした進化は現在もなお続いているが、たとえばゾウは新生代古第三紀後期には上唇がわずかに突き出しているにすぎなかったが、現在ではそれが長い鼻に変化している。

このように、時代ごとにはっきりとした特徴を持った生物の化石が示準化石とされ、地層の時代を確定するうえで重要な判断基準とされているのだ。

示相化石

示相化石の例として、サンゴがあげられる。サンゴは石灰質の骨格を持ち、長い時間をかけて積み重なってサンゴ礁を形成する。

サンゴの生息域は水温18～36℃、塩分量27～36‰、水深50m以浅の水の澄んだ海である。つまり、サンゴ礁が多く存在しているところはそういう環境にあったということを意味している。

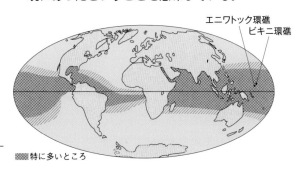

▲サンゴ礁の分布
出典：『ひとりで学べる地学』清水書院

前ページの地図はサンゴ礁の分布地図だ。エニワトック環礁やビキニ環礁周辺では、サンゴ礁の厚さが1000mもある。サンゴの生息範囲は50m以浅であることは前述したが、サンゴ礁はかつてそこにあった島が沈降を開始すると同時に海面に向かって成長していき、それだけの厚さまで成長していった。つまり、島の沈降が1000m近くにもおよんでいることを証明している。

ちなみに、サンゴは北海道の中生代ジュラ紀の鳥巣式石灰岩(とりのすしき)にも含まれているし、房総半島の千葉県館山市沼では、新生代第四紀、あるいは約2万年前の最終氷期最盛期以降に堆積した沖積世(ちゅうせきせい)の地層の中からもサンゴが産出する。こうしたことから、それらの地点は、かつては熱帯・亜熱帯の海底だったことがわかるのだ。

鳥巣式石灰岩▶高知県高岡郡佐川町の鳥巣付近で発見された中生代の石灰岩。同じ石灰岩を含む鳥巣式石灰岩層は北海道，関東山地から九州まで太平洋側に分布する。

★ 鳥巣式石灰岩の主な分布地

芦別地域
相馬地域
豊浦地域
中央構造線
関東山地
紀伊半島西部
四国東部
佐川町鳥巣
四国西部
八代地域

▲鳥巣式石灰岩層の分布
ジュラ～白亜系の石灰岩は，北海道から九州までの日本各地に点在している。これらの石灰岩は有機物に富み，ハンマーでたたくと油臭を放つ。また、サンゴや層孔虫(そうこうちゅう)（石灰質の共有骨を持つ化石動物）などの造礁生物の化石を多く含み、ウーイド（浅海域において化学的過程を経て海水から生成される粒子）を含むなどの点で共通した特徴を持っており、鳥巣式石灰岩と総称されている。

COLUMN　化石の産出の仕方

化石は、化石となった生物が生息していた時代の環境を知るうえで重要な役割を担っているが、古生物の生息していた場所と化石の産出される場所によって次のように区分できる。

①古生物が生きていたときの状態のまま埋没すれば、古生物の生活の場と化石の産出する場所が同じになる。そうした化石を現地性化石という。

②古生物の死骸が水や空気の流れで他の場所に運ばれ埋没すれば、古生物の生活の場と化石の産出する場が異なることになり、これを異地(いち)性(せい)化石という。

③いったん化石となって堆積物中に埋没したものが、侵食作用によって掘り起こされ、別の場所に埋没することがある。これを誘導化石という。

また、化石を含む地層を化石層というが、ときには化石が密集して産出することがある。
そうした層のことを化石床(かせきしょう)と呼ぶ。この化石床は異地性化石であり、他の場所から河川の流れなどによってはき寄せられて堆積したことを示している。

■地質年代

地球は約46億年の歴史を持つといわれている。その歴史は主として生物の進化の過程をもとに、多くの時代に区分されているが、大きく相対年代と絶対年代の2種類がある。

相対年代

特徴のある生物のうち、動物化石をもとに、地層の堆積順序と化石の出現パターンから生物分類群の大きく入れ替わった時点を時代の境界として地層を分類し、地質時代を組み立てたものを相対年代という。

地質学における相対年代は、主に層序（地層の積み重なり、またはその順序のこと）や化石の変遷によって定められる。「白亜紀」「第四紀」などのような時代区分がこれにあたる。

基本的に断層や褶曲などによって地層の逆転が起こっていなければ、下にあるものほど古く、上にあるものほど新しいという地層累重の法則（148ページ参照）に従っている。つまり下から上に向かって堆積していくと考える。

また、離れた地域間で異なる岩相を持つ地層の堆積年代を判断する場合は、示準化石と呼ばれる特定の化石を指標に用いる。これを地層同定の法則という。

これは、イギリスの土木技師ウィリアム・スミス（生没年：1769〜1839年）が、1816年に、著書『Strata Identified by Organized Fossils』で提唱した法則である。時代ごとに特有な化石（示準化石）を定め、化石による層序と時代区分（相対年代）との対比の基礎を確立したとされる。

絶対年代

岩石や地層に含まれる放射性同位体の崩壊から求めるなど、数値で表した年代を絶対年代といい、主に次のような方法がある。

【地球の年齢を推定する試み】

かつては、次のような方法で地球の年齢がどれくらいかを推定していた。

①海水の塩分濃度で地球の年齢と推定する方法。地球の海水濃度は、川から運ばれた塩分が蓄積して濃度が濃くなった。こうした海水の塩分濃度から地球の年齢を推定した。

②地層の堆積物で年代を求める方法。海底や湖沼の水中の粒子は、雪のように海底や湖底に降り積もって堆積物となる。厚くたまった地層の全体の厚さと1年間にたまる堆積量から時間を求めた。

③氷縞粘土（氷河堆積物）の堆積速度から求める方法。氷縞粘土は氷河の流動速度と融氷水の量との関係によって支配される。その氷縞粘土の枚数を年数に換算して絶対年代を求める。

④放射性同位体の崩壊から絶対年代を求める。

上記の中でも最も新しく、より精度が高い方法とされているのが、④の放射性同位体の崩壊から絶対年代を求める方法である。

ウランと鉛を使って年代を推定する方法を見つけたのは、イギリスの地質学者アーサー・ホームズ（生没年：1890〜1965年）だった。そもそも1895年、ドイツの物理学者ヴィルヘルム・レントゲン（生没年：1845〜1923年）によってX線が発見されたのをきっかけに、フランスの物理学者アンリ・ベクレル（生没年1852〜1908年）や、マリ・キュリー（生没年：1867〜1934年）などにより放射線が発見され、放射性元素の研究も進んでいた。ホームズはこの放射性元素の半減期を利用して年代測定を行うことを提唱し、1913年に『地球の年齢』を出版。その後、放射性同位体を使った年代測定法が確立されることとなった。

どんな方法なのか、簡単に説明しておこう。

そもそも、同じ原子でも質量数が異なるものが存在する。それを同位体と呼ぶが、その中に放射性同位体というものがある。

放射性同位体は、その名のとおり、放射線を出して壊れて他の原子に変わる物質だ。原子核が不安定であるため、原子核が崩壊して何らかの放射線を放出して自ら崩壊することで、より安定した元素に変化していく。

その過程で、放射性同位体の量が半分になる時間を半減期(はんげんき)と呼んでいる。

次に示すグラフは、放射性同位体の崩壊を示した曲線である。(A)は半減期が1時間、(B)は半減期が2時間の場合を示している。

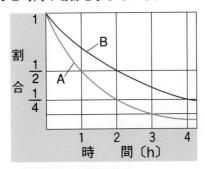

▲放射性同位体の崩壊の仕方

出典:『ひとりで学べる地学』清水書院

この半減期は放射性同位体の種類によって決まっている。それを利用するのが、放射性同位体による年代測定だ。

半減期の長いものは、放射性同位体が長時間残るのに対し、短いものは短期間でなくなってしまう。そこで、放射性同位体と安定な元素の割合を量的に測定することで、目的の岩石や鉱物の年齢を算出するのである。

下の表は、主な放射性同位体の半減期を示したものだが、半減期の長い放射性同位体は地質時代の古い年代の試料の測定に、短い放射性同位体は新しい時代の試料の測定に使われる。

■ 主な放射性同位体の半減期

種類	半減期(年)	崩壊後にできる安定な元素
ウラン (238U)	4.47×10^9	鉛 (206Pb) ヘリウム (4He)
トリウム (232Th)	1.14×10^{10}	鉛 (208Pb) ヘリウム (4He)
ルビジウム (87Rb)	4.8×10^{10}	ストロンチウム (87Sr) ヘリウム (4He)
カリウム (40K)	1.28×10^9	カルシウム (40Ca) アルゴン (40Ar)
炭素 (14C)	5.73×10^3	窒素 (14N)

■ 炭素による年代測定はどう行うのか?

自然界の炭素には^{12}C、^{13}C、^{14}Cの3種類の同位体が存在する。このうち^{14}Cだけが放射性同位体で約5730年の半減期で崩壊する。

生物は生きている間に、前述した3種類の炭素を取り入れて体内にとどめるが。自然界に存在する3種類の炭素の存在比は一定しており、生物が生きている間は体内の残存比と自然界の存在比は同じである。

しかし、生物が死んでしまうと^{14}Cだけは自然崩壊して次第に失われていく。そのため死骸内の^{14}Cの量は時間が経(た)つほど^{12}Cや^{13}Cに比べて減少していくが、この^{14}Cとほかの炭素との残量比を測定することで、その生物が何年前に生きていたかを知ることができる。

この方法は地質学のみならず、考古学の方面で

も広く用いられているが、^{14}Cの半減期が短いので、測定できる範囲は数万年前くらいまでに限られる。そのため、より年代の古い試料を測定するには、より半減期が長い放射性同位体を使って調べることが必要となる。

■ 炭素同位体の違い

	^{12}C	^{13}C	^{14}C
陽子	6	6	6
中性子	6	7	8
質量数	12	12	14
存在比	98.93%	1.07%	微量

人間をはじめとした生物の体を構成する基本的な元素である炭素には、3種類の同位体が存在する。ただし、^{12}Cが約99%、^{13}Cが約1%を占め、放射性同位体である^{14}Cの存在比は1兆分の1と非常にごく微量である。

新たな世界時計に採用された「水月湖の堆積物」

▲水月湖(写真手前)
福井県三方郡美浜町と同県三方上中郡若狭町にまたがって位置する三方五湖(三方湖、水月湖、菅湖、久々子湖、日向湖)のひとつ。

▲年縞はこうしてできる
春から秋にかけて積もる土やプランクトンの死骸などの有機物を多く含む層は暗い色に、晩秋から冬にかけて積もる黄砂や鉄分などの鉱物質は明るい色になる。つまり、色の暗い層と明るい層の1対が1年を示す。

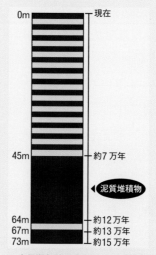

▲水月湖年縞の全長イメージ図
45mから64mは泥土堆積物となっている。この時期は水月湖の水深が浅かったためと考えられている。64mから再び年縞が現れ、最深部の堆積物は約15万年前のものと考えられている。
出典:年縞博物館ホームページ

　炭素による年代測定には問題点があった。大気中で生成される放射性炭素は太陽活動などによって変動するため、正確な年代を得るには測定値を真の値に変換するための「換算表＝較正曲線」が必要だった。
　そこで1998年からIntCalと呼ばれる較正モデルが決められた。地質学的な時間に定義を与える国際標準の"ものさし"である。
　IntCalは2004年、2009年と更新されてきたが、それに続く2013年の改正で採用されたのが、水月湖の年縞(湖底などの堆積物によってできた縞模様)とその研究データを基にした較正曲線(IntCal13)だった。これは、年代測定の歴史にとってまさにターニングポイントとなったとされている。
　水月湖は、面積4.15㎢、水深34mの湖だが、その湖底には7万年の歳月をかけて、土地やプランクトンの死骸、大陸から飛んできた黄砂や湖水から析出した鉄分などが積み重なった年縞が形成されている。年縞の厚さは平均0.7㎜で、約73mの深さまでボーリング調査したところ、そのうち約45mまでの間に明確な年縞が確認された。この年縞に含まれる落ち葉などの化石の^{14}Cの量を調べることで、その落ち葉が落ちた年代の^{14}Cの量が正確にわかるようになった。こうして水月湖の年縞は世界で最も正確な"世界の標準のものさし"として年代測定に使われるようになったのである。

　ちなみに、こうした年縞が形成された理由は次の4つである。
①水月湖には直接流れ込む大きな河川がなく、水深も深いために、流れ込む水や土砂で湖底がかき乱されることがなかった。②周囲が山に囲まれているため、風がさえぎられて波が立ちにくく、湖水がかき混ぜられなかった。③湖水がかき混ぜられないため、湖底近くは酸素がない状態になっており、生物が生息できず、年縞がかき乱されなかった。④水月湖は断層地帯にあり、沈降し続けており、湖が堆積物で埋まることなく、湖底に堆積物がたまり続けた。
　水月湖には、まさに奇跡のような条件が揃っていたのだ。

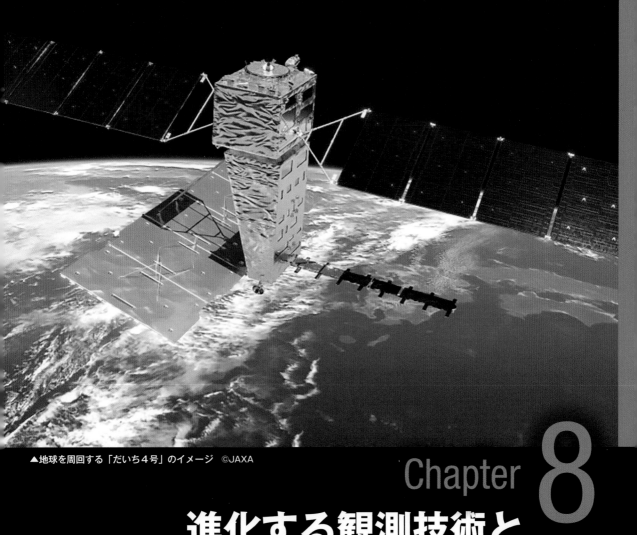
▲地球を周回する「だいち４号」のイメージ ©JAXA

Chapter 8

進化する観測技術と
最新測地系の構築

「だいち４号」は、2014年５月に打上げた陸域観測技術衛星２号「だいち２号」の後継機。Lバンド合成開口レーダを搭載、新たに採用するデジタル・ビーム・フォーミング技術により、「だいち２号」の高い空間分解能（３m）を維持しつつ、観測幅を４倍（200km）に拡大し、平時における地殻・地盤変動などの観測頻度を向上させる。これにより、災害発生時の状況把握のみならず、火山活動、地盤沈下、地すべりなどの異変の早期発見など、減災への取り組みにおいて重要な役割を担うことが期待されている。

世界測地系と日本測地系の進化

　日本が使っていた日本測地系は、関東大震災に伴う若干の数値の変更などがあったものの、明治時代から 2002 年 3 月まで、長年にわたって使われていた。

　しかし、国際的に航空機や船舶の往来が頻繁になり、GNSS などによる高精度な測位法が世界的に一般化されてくると、それぞれの国による測地系の違いが、お互いの位置情報のやり取りの場で支障を来す可能性も出てきた。そこで、人工衛星による高度な計測で得られた地球全体の正確な大きさや形状をもとにした国際的な基準をつくろうということになり、世界測地系が構築されたのだ。

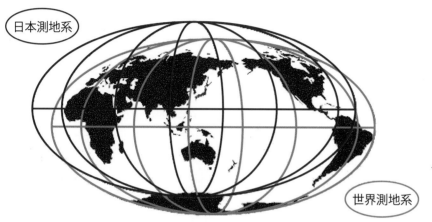

◀日本測地系と
世界測地系のイメージ
出典：国土地理院ホームページ
「世界測地系移行の概要」

■日本測地系から世界測地系へ

　世界測地系は、座標の原点を地球の中心（重心）に置き、VLBI や GNSS などを用いた高精度な位置決定技術を駆使して、各国で共通に利用できることを目的に構成されたものである。

VLBI ▶超長基線電波干渉法。数十億光年の彼方にある電波星から届く電波を電波望遠鏡で受信して数千㎞もの長距離を数㎜の高精度で測る技術。
GNSS ▶全球測位衛星システム。アメリカの国防総省が測位、地図や海図の作成、船舶や航空機のナビゲーションなどで使用するために構築したシステム。

■代表的な世界測地系
「WGS84 と GRS80」

　世界測地系の代表的なものとしては、アメリカが採用している WGS84※（世界地図系84）や、日本をはじめとする国で採用されている GRS80※（GRS80楕円体）がある。

※WGS84：World Geodetic System 1984
※GRS80：Geodetic Reference System 1980

　そもそもアメリカの国防総省は、1950年代後半から、それまで統一されていなかった陸軍と空軍の測地系を、共通して使えるシステムを構築するための作業を開始、1960年に WGS60を開発していた。さらにアメリカ国防総省は WGS60を、1966年には WGS66、1972年には WGS72へとバージョンアップさせていたが、1984年にはさらに改正して WGS84とし、1987年 1 月からは GPS の運用を開始した。それが GNSS へと発展していった。

　いっぽう、測地学に関する国際組織である国際測地学・地球物理学連合（IUGG）は、1980年に全地球的測地系を構成する準拠楕円体として GRS80を採択した。

　当初、GRS80の原点（地球の中心）の位置は WGS84の原点の位置と約 1 mずれていた。しかしその後、WGS84が、1994年と1996年の 2 回にわたって改正され、WGS84と GRS80の差は10㎝以下となり、現在では WGS84と GRS80はほぼ同じとなっている。

■ 日本の独自の測地系「日本測地系 2000」

こうした世界の流れに伴い、2002年3月まで、ベッセル楕円体をもとにして構築した日本測地系を使っていた日本も、測量法を改正し、2002年4月から、新たに世界測地系である日本測地系2000（JGD2000※）へ移行した。

この日本測地系2000では地球楕円体にGRS80が採用された。ただし、GRS80では地球楕円体としての地球の形状や大きさ、その向きなどは決められていたものの、座標系については明確に決められていなかった。そのため、日本測地系2000を構築するにあたり、座標系としてはITRF94※（国際地球基準座標系1994）を採用することとし、両者を組み合わせて、新たな測地系が構築された。ちなみに、日本測地系2000と命名するにあたっては、日本の測地基準系であることと、二千年紀の初頭に構築されたことを意識したとされている。

■ 日本測地系2000への移行でずれた日本の経緯度

この旧日本測地系から新たな日本測地系2000への移行に伴い、日本の経緯度は右の図に示すようにずれることとなった。それに対応するため、たとえば海上保安庁は、海上交通の混乱を避けるために日本周辺のすべての海図を世界測地系に変更した。

ちなみに日本が採用したGRS80では、地球の長半経が6,378,137mとされているが、ベッセル楕

ITRF94▶地球の重心を原点に取って、自転軸をＺ軸、経度0度の子午面と赤道面が交わってできる直線をＸ軸、Ｘ軸から東に90度方向にＹ軸を取る地心直交座標系のこと。ITRFでは、現在、国際地球回転・基準系事業（IERS※）が管理している。IERS基準子午線を本初子午線（経度0°の子午線）としている。このIERS基準子午線は、グリニッジ子午線（イギリスのグリニッジ天文台を通る子午線）の102.5mほど東を通過している。

これは、グリニッジ子午線とIERS基準子午線の決め方が違っていたためである。1851年にグリニッジ子午線を決める際、重りを吊るして鉛直方向（真下）を決め、それを基準に星の角度から経度を算出していた。だが、測定地点の地形や地質によって変化する重力分布の影響を受けてわずかな誤差が生じていた。いっぽう、IERS基準子午線は重力分布を平均化した回転楕円体を想定しているので、測定地点による誤差を生まない。つまりグリニッジ天文台の周りの重力分布と地球の平均重力分布の差が102.5mの差（緯度にして0度0分5.3101秒の差）を生んだというわけである。

円体の長半経は6,377,397mだったから、約128m長くなっている。いっぽう、扁平率については、ベッセル楕円体の1/299.15から、GRS80の1/298.26へとやや小さくなった。

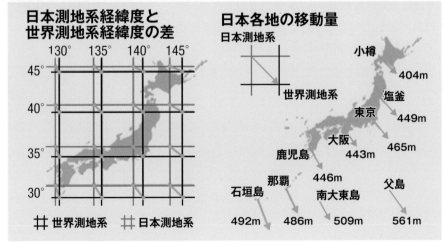

▲旧日本測地系と日本測地系2000の違い

出典：『海上保安レポート2008』

※JGD2000：Japanese Geodetic Datum 2000
※ITRF94: International Terrestrial Reference Frame94
※IERS: International Earth Rotation and Reference Systems Service

■東北地方太平洋沖地震で、日本測地系2000は日本測地系2011へ改正された

　こうして新たに構築された日本測地系 2000だったが、11年後の2011年10月にはまたしても測量法を改正して、新たな日本測地系2011（JGD2011）に移行することとなった。

　原因は同年３月11日に発生した東北地方太平洋沖地震だった。マグニチュード9.0から9.1という日本の観測史上最大規模の地震の影響で大きな地殻変動が観測されたのである。

　国土地理院は、地震後、三角点1846点、および水準点1897点の現地測量の結果をもとに、１都19県における４万3312点の三角点位置、および1897点の水準点標高の計算を進めて、「測地成果2011」として発表した。

　この地震の影響は日本経緯度原点と日本水準原点にもおよんだ。日本経緯度原点は東に約27.7cm移動し、日本水準原点は2.4cm沈下したことが確認され、原点数値のうち日本経緯度原点の経度と原点方位角、および日本水準原点の高さも右のように改正された

　そして、この測量成果をもとに新たな測地系（日本測地系 2011）が再構築された。

　その際、影響が少ない地域（北海道と西日本）では日本測地系2000からの変更はなかったが、東日本・北陸4県について対しては、ITRFの最新版であるITRF2008が使われることとなった。

> 東北地方太平洋沖地震による
> 地殻変動に伴う日本経緯度原点の改正
>
> 【地震前】北緯35°39′29.1572″
> 　　　　　東経139°44′28.8759″
> 【地震後】北緯35°39′29.1572″
> 　　　　　東経139°44′28.8869″
>
> 東北地方太平洋沖地震による地殻変動に
> 伴う日本水準原点の地殻変動
>
> 【地震前】標高24.4140m
> 【地震後】標高24.3900m

▶日本測地系（JGD2011）ではITRF94とITRF2008を併用している。

■ 東北地方太平洋沖地震による地殻変動

　下の図は、国土交通省国土地理院が発表した、東北地方太平洋沖地震直後の地殻変動（水平方向と上下方向）の図だが、水平方向の最大変動量は電子基準点「牡鹿」の約530㎝、上下方向の最大変動量もやはり電子基準点「牡鹿」の120㎝だった（電子基準点については162ページ参照）。

　その後も余効変動により、本震発生の６年後から７年後までの１年間で最大約６㎝の変化が観測され、本震前から７年間にわたる累積の地殻変動は、牡鹿半島周辺で６ｍを超えた。

余効変動▶規模の大きい地震の発生後に震源域の周囲で長期間観測される、速度の遅い地殻変動のこと。

　また上下方向では、東北地方の太平洋沿岸で大きな沈降が観測され、牡鹿半島周辺では１ｍを超える沈降が観測されたが、本震後は隆起に転じ、本震６年後から７年後までの１年間で最大約5㎝の隆起が続き、本震前から７年間の累積では、牡鹿半島周辺で約70㎝の沈降となった。

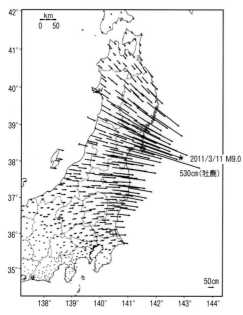

▲東北地方太平洋沖地震による地殻変動（水平）

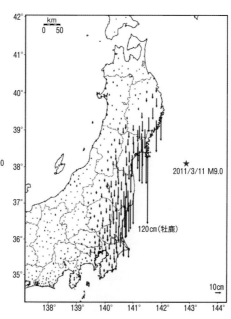

▲東北地方太平洋沖地震による地殻変動（上下）

出典：国土交通省国土地理院（2011年３月19日発表時点）。★は震源地。

東北地方太平洋沖地震で震源地殻の海底は沖方向に24ｍも動いていた！

　海上保安庁の測量船「明洋」による海底地殻変動観測（2011年３月28～29日）によると、東北地方太平洋沖地震の震源のほぼ真上の海底が東南東方向に24ｍ移動、約３ｍ隆起していたことがわかった。いかに大きな地殻変動が起きたかがわかる結果だった。

▶海上保安庁による海底地殻変動観測結果
出典：『海上保安レポート2008』

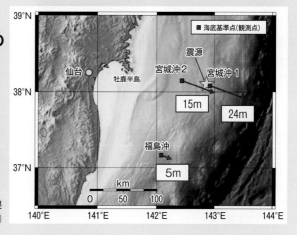

全国を網羅する GEONET

▲ GEONETのイメージ

国土地理院は1990年代初頭から、電子基準点（GNSS※連続観測点）を設置。現在では全国約1300か所に約20km間隔で展開して、24時間連続で地殻変動に関するデータをとっている。

この電子基準点の観測網はGEONET（GNSS連続観測システム）と名づけられて、日本の精密な経緯度の決定や地震活動などに伴う地殻変動の監視、あるいはGNSSを用いた測量作業の効率化・高精度化などに幅広く活用されている。

■ 全国約1300の電子基準点で構築されている観測網

電子基準点で観測されたデータは、一部を除き常時接続回線を通じて、リアルタイムで茨城県つくば市にある国土地理院測地観測センター内に設置されているGEONET中央局に集められている。

GEONETでは集められたデータを用いて、各電子基準点の座標値および対流圏遅延の値を推定している。その解析は、迅速解（Q5解：3時間ごと、6時間データ）、速報解（R5解:24時間ごと、24時間データ）、最終解（F5解：1週間ごと、24時間データ×7日分）の3種類だが、そのうち、速報解と最終解の座標値は、電子基準点データ提供サービスという名称で、国土地理院ホームページから提供されている。

対流圏遅延▶電波は大気中を伝搬するときもわずかながら減速する。その速度は大気の気温、気圧、水蒸気などによって変動し、特に台風、気象前線および集中豪雨などの局所的な気象現象に伴って大きく変動する。

GNSS
アンテナ

ソーラー
パネル

機器収納
ケース

▲電子基準点の構成

電子基準点は設置場所により形状の異なるものもある。
上から富士山、南鳥島、沖ノ鳥島。

電子基準点から送られたデータは、茨城県つくば市の測地観測センター内のGEONET中央局に集約され、解析したうえで公表される。

写真・地図提供：国土地理院

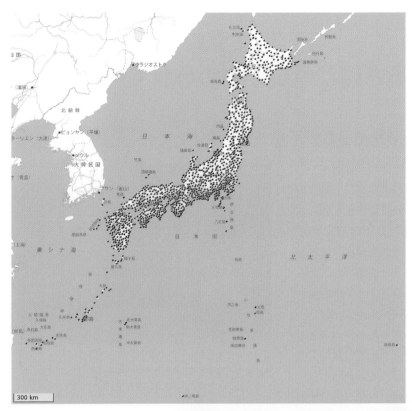

◀電子基準点配置図

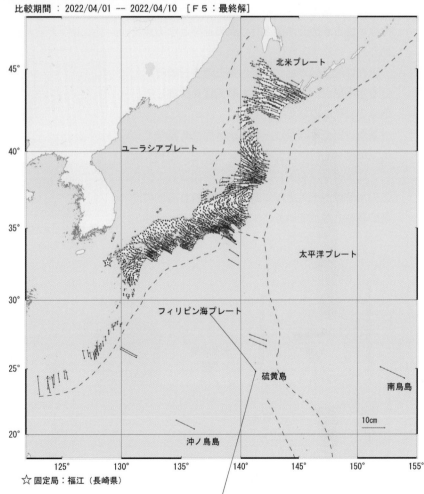

▶電子基準点による水平地殻変動図
（2021年4月〜2022年4月）
　全国に配置した電子基準点におい
て、1年間（2021年4月〜2022年
4月）の観測結果から求めた地殻
変動の様子。長崎県五島市にある
電子基準点「福江」を固定局（不
動点）とした各電子基準点の相対
的な位置変化を矢印と大きさで表
示している。

☆ 固定局：福江（長崎県）

日本における高さはこうして決められている

■日本の高さは霊岸島で決められた

明治政府は全国の正確な5万分の1地図をつくるにあたって、まず隅田川河口の霊岸島（現在の東京都中央区新川）に設置されていた量水標（水位を測る設備）における1873〜1879年の満干潮位の測定結果の平均値を出し、それを海抜0mと定めて全国の標高の基準とすることを定めた。

そして1891年には、かつて参謀本部陸地測量部があった場所（現在の東京都千代田区永田町1丁目1番2、憲政記念館構内）に日本水準原点が置かれることとなり、日本水準原点を示す水晶板目盛りを収める日本水準原点標庫がつくられた。

この日本水準原点は、いわば、東京湾の平均海面を地上に固定するために設置されたもので、正確な高さを求める測量を行う際の基準となる点である。

現在は油壺験潮場（神奈川県三浦市三崎町）と日本水準原点との間で毎年水準測量を実施して、原点の変動を点検している。

また、国土地理院は、日本水準原点を基準として水準測量を行い、全国の主な道路沿いの約2kmごとに水準点（全国約2万か所）を設置している。この水準点がその地域において行われる高さの測量の基準となっている。

▲日本水準原点標庫
この中に日本水準原点を示す水晶板目盛りが収められている。2019年12月に「国の重要文化財」に指定された。

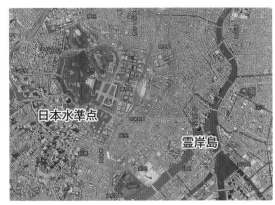
▲霊岸島と日本水準原点の位置関係
地図：地理院地図

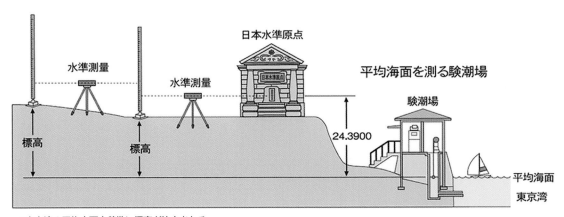
▲東京湾の平均水面を基準に標高が決定される

■三角点も全国約10万9000か所に設置

　また、全国的に三角点も設置されている。三角点とは三角測量をする際の基準とするために、経度・緯度・標高が記された花崗岩製の角柱である。その多くは明治・大正時代に山の頂上付近や見晴らしのよいところに設置されたもので、一・二・三・四等の種類があり、全国の約10万9000か所に設置されている。

　そのうち四等三角点は、第二次世界大戦後に、国土調査の基準点とするために測量が始められた際に、ビルの屋上などに金属製の金属標が設置されるなどし、毎年設置点数が増加していた。しかし近年はGNSSによる測量が主流となり、2010年代後半以降の新設点数は減少している。

　なお、遠く離れた離島の場合、その離島における平均海面の高さが測量の基準になっている。

■ 主な離島の基準海面

都道府県名	島名	基準海面
北海道	奥尻島	松江港平均海面
青森県	久六島	上の島平均海面
山形県	飛島	飛島港平均海面
東京都	伊豆大島	岡田港平均海面
新潟県	佐渡島	小木港平均海面
福岡県	沖ノ島	沖の島漁港平均海面
長崎県	対馬	厳原港平均海面
鹿児島県	奄美大島	名瀬港平均海面
沖縄県	宮古島	平良港平均海面

■日本水準原点も変動。東北地方太平洋沖地震で山の標高も変更された

　実は日本水準原点も不変ではない。設置された当時の日本水準原点の標高は、海抜24.000mだった。

　だが、その後1923年9月1日の関東大震災で地殻変動が生じたため、海抜24.4140mに改正されていた。

　さらに前述したように、2011年3月11日に発生した東北地方太平洋沖地震による地殻変動で24cm沈下した。そのため、海抜24.3900mに改正された。

　この東北地方太平洋沖地震の影響は、特に東北地方で大きかった。そこで東北地方を中心に山の標高も改正されることとなった。主な変更は右の表のとおりである。

■ 変更された主な山の三角点の標高

山名〔所在地県〕	旧標高(m)	新標高(m)	新旧差(m)
八甲田山(大岳)〔青森県〕	1584.56	1584.61	+0.05
八幡平(畚岳)〔秋田県〕	1577.96	1577.88	−0.08
早池峰山〔岩手県〕	1913.55	1913.51	−0.04
五葉山〔岩手県〕	1340.91	1340.43	−0.48
八幡平〔岩手県〕	1613.50	1613.43	−0.07
岩手山〔岩手県〕	2038.09	2038.08	−0.01
焼石岳〔岩手県〕	1547.65	1547.35	−0.30
栗駒山〔岩手・宮城県〕	1626.68	1626.52	−0.16
蔵王山(屏風岳)〔宮城県〕	1817.09	1816.93	−0.16
鳥海山(新山)〔山形県〕	2229.19	2229.13	−0.06
月山〔山形県〕	1980.00	1979.98	−0.02
安達太良山(鉄山)〔福島県〕	1709.61	1709.53	−0.08
安達太良山〔福島県〕	1699.93	1699.86	−0.07
八溝山〔茨城県〕	1021.84	1022.11	+0.27
吾国山〔茨城県〕	518.15	518.33	+0.18
筑波山〔茨城県〕	875.87	875.74	−0.13

■正確な位置情報を得るのに欠かせない準天頂衛星システム

近年では、カーナビやスマートフォンの地図アプリを使えば、初めての場所でも道に迷わず行けるようになっている。

そうしたことを可能にしているのは、アメリカのGPSや日本の準天頂衛星システム「みちびき」（QZSS※）に代表されるような、全球測位衛星システム（GNSS）を利用した測位技術のおかげである。

▲GPS衛星の軌道概念図
出典：「みちびき（準天頂衛星システム）ホームページ」内閣府

かつて、日本はアメリカのGPS衛星を利用していた。しかし、そもそも日本を視野に入れた衛星の数が少なかった。それに加え、都市部や山間地では、高い建物や山などが障害となって人工衛星からの測位信号が届かない、あるいは反射波によって大きな誤差が出たりするなどの問題を抱えていた。

そこで、独自の衛星測位サービスを実現することを目指して、2010年9月に準天頂衛星初号機みちびき（QZS-1※）を打ち上げられ、その結果、衛星測位のサービス環境が劇的に進化することになった。

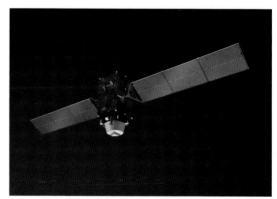

▲日本独自の準天頂衛星システム「みちびき」初号機
©JAXA

■みちびきの「8の字」軌道

みちびきの特徴は、準天頂軌道と呼ばれる軌道に乗っていることにある。

通常の静止衛星は赤道上に位置しているのに対し、準天頂衛星であるみちびきの軌道は斜めに傾けられているのだ。

これは、みちびきができるだけ日本上空に留まっている時間を長くするためだ。

楕円軌道を巡る衛星の速度は一定ではない。次ページの図に示すように、地球に近いところでは速く、遠いところでは遅くなる。

※QZSS：Quasi-Zenith Satellite System
※QZS-1：Quasi-Zenith Orbit-1

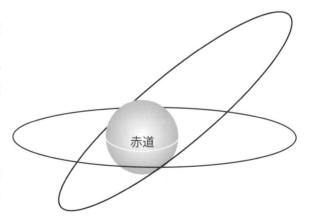

▲静止衛星の軌道（青線）とみちびきの軌道（赤線）のイメージ

そこでみちびきの軌道は、なるべく長い時間日本の上空に留まるようにするために、楕円の一番地球から遠くなる部分が一番北になるようにしてある（右図参照）。

その動きを、地球を止めた状態で見ると、まるで人工衛星が8の字を描くように動いているように見える。

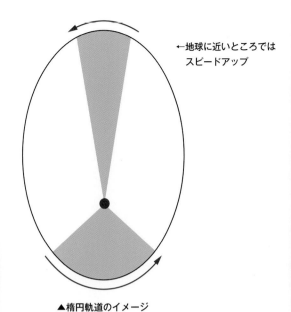

←地球に近いところでは
スピードアップ

▲楕円軌道のイメージ

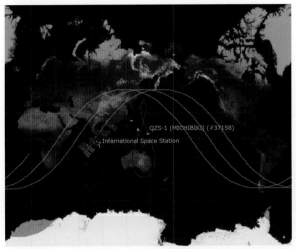

◀みちびきとISSの軌道
赤線がみちびきの軌道、
黄色線がISS（国際宇宙ステーション）の軌道
出典：GoogleSatTrack

ただし、このGNSS測位で求められるのは緯度・経度・地球楕円体高の三次元の位置だけであり、この地球楕円体高をそのまま標高の代わりに使うと困ったことになる。

そもそも平らに見える地表面でも、重力の分布が一様でなければ、水は重力の強いほうに流れていく。しかし地球楕円体は、地点ごとに重力の偏りやムラがあるにもかかわらず、重力の影響をまったく考慮せずに決められている。

そのため、地球楕円体高をそのまま標高とする

と、「標高の低いところから高いところに水が流れる」という現象が起こりかねない。

地図に記される高さ（標高）は、水道などのインフラ整備や、津波や洪水等から命を守るうえで非常に大切な情報となるが、それでは日常生活で使うにはあまりにも都合が悪く、日常的な高さの基準としては使えない。高さ（標高）は、やはりジオイド高（38ページ参照）を基準するほうが使いやすいのだ。そこで、GNSS測位によって得られた地球楕円体高を変換して高さを決定している。

POINT **標高＝地球楕円体高−ジオイド高**

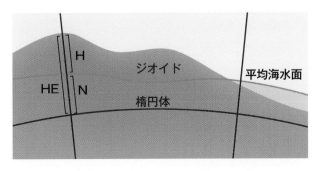

地球楕円体高から、高さを割り出すのはそれほど難しいことではない。衛星測位で求められた「楕円体高」から「高さ（標高）」を導き出すためには、地球楕円体高（HE）から、ジオイド高（N）の差を取ることにより、標高（H）に変換することとなっている。

◀地球楕円体高とジオイドと標高の関係

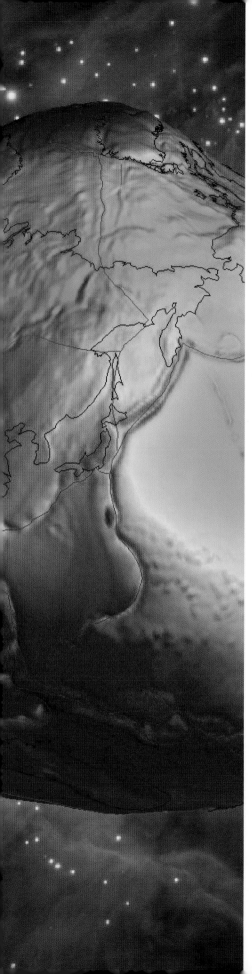

■ 監修 ――――― 川上紳一（かわかみ　しんいち）

1956年、長野県北佐久郡軽井沢町生まれ。名古屋大学理学部地球科学科卒業、同大学院理学研究科地球科学専攻修了。1987年岐阜大学教育学部助手、同大教授を経て、2016年より岐阜聖徳学園大学教育学部教授。専門は縞々学、地球形成論、比較惑星学。
世界各地の地質調査を行ういっぽう、中学・高校生・市民向けに多くの講演活動やブリタニカ国際年鑑などへの執筆など、地学・天文学の普及に尽力。著書に『新装版　縞々学：リズムから地球史に迫る』（東京大学出版会）、『生命と地球の共進化』（日本放送出版協会）、『全地球凍結』（集英社）、翻訳書に『サイエンス・パレット003　地球――ダイナミックな惑星』（丸善出版）他、多くの学術書・共著がある。

■ 編者 ――――――― 『GEOペディア』制作委員会
■ 編集・制作協力 ―― ザ・ライトスタッフオフィス（河野浩一、高﨑外志春）
　　　　　　　　　　コトノハ（櫻井健司）
■ デザイン・DTP ―― Creative・SANO・Japan（大野鶴子／水馬和華）

GEO PEDIA ペディア

最新 地球の構造と進化がよくわかる！

2023年7月20日　初版発行

発行者　　野村久一郎
発行所　　株式会社 清水書院
　　　　　〒102-0072　東京都千代田区飯田橋3-11-6
　　　　　電話：東京(03)5213-7151
振替口座　00130-3-5283
印刷所　　株式会社 三秀舎